RANDE CULTURE

DE LA

VIGNE AMÉRICAINE

EN FRANCE

PAR

Mme LA DUCHESSE DE FITZ-JAMES.

DEUXIÈME ÉDITION

Prix : 1 franc

NIMES
IMPRIMERIE TYPOGRAPHIQUE DUBOIS
2, RUE BERNARD-ATON, 2

—

1882

LES

VIGNES AMÉRICAINES

LES VIGNES AMÉRICAINES

PAR

Mme LA DUCHESSE DE FITZ-JAMES.

EXTRAIT DE LA *REVUE DES DEUX-MONDES*

LIVRAISON DU 1er AVRIL 1881,

NIMES
IMPRIMERIE TYPOGRAPHIQUE DUBOIS
2, RUE BERNARD-ATON, 2

1882

LES VIGNES AMÉRICAINES

L'étude publiée dans la *Revue* du 1er mars dernier par M. Prosper de Lafitte semble de nature à détruire l'espoir à peine renaissant de la viticulture.

Devant une question aussi vitale, chacun doit apporter au pays son contingent d'expériences, d'observations, de conclusions pratiques.

Newton, à qui on demandait comment il était parvenu à ses immortelles découvertes, répondit : « En y pensant toujours. » — C'est justement parce que depuis plusieurs années je pense teujours à la reconstitution de la vigne, que j'ose parler.

Je dirai donc ce que je sais et ce que j'en conclus, ce que j'espère et ce qui m'inquiète, faisant seulement remarquer que ce qui va suivre s'applique plus spécialement à la France méridionale, à la région de l'olivier, pays où l'infructuosité des autres cultures aiguise le désir de revoir des vignes et où le courage naît pour ainsi dire du fond de l'abîme. En effet, la ruine que M. Prosper de Lafitte semble prédire aux plantations prématurément hardies ne saurait être plus grande, ni plus complète que celle qui atteint déjà cette vaste région ; dans le premier cas, ce serait la catastrophe ; dans le second, la mort lente et fatale. On peut survivre à la première, donc il vaut mieux la risquer que d'attendre patiemment la seconde dans l'inaction. Si le Midi veut attendre la certitude absolue, il périra, car pour attendre, non-seulement il faut du pain, mais il faut encore que ce pain ne coûte pas plus cher que le travail de l'homme qu'il doit nourrir.

Ceux qui ont étudié et pratiqué savent déjà positivement deux choses; la première, c'est qu'ici, sans vignes, il n'y a pas de pain : c'est la misère, le départ du village, la démoralisation d'un pays que l'amour du travail a conservé sain jusqu'ici. La seconde, c'est que certaines espèces de l'Amérique (états du Sud), espèces pures de toute hybridation européenne, réussissent et résistent sur nos coteaux ensoleillés, et que d'autres prospèrent dans nos plaines riches et saines ; que leur produit est suffisant pour nourrir l'homme qui les cultive et pour faire rendre à la terre ce que d'autres cultures ne sauraient obtenir d'elle.

Avant de relever dans l'article de M. Prosper de Lafitte, les points sur lesquels mon expérience refuse soumission à la sienne, je crois utile de résumer ce que les Américains nous ont appris du passé et du présent de leurs vignes. J'y ajouterai le peu que j'ai glané en France et enfin mes expériences personnelles depuis six ans.

Commençons par la légende (1).

Leif, fils d'Éric le Rouge, acheta le vaisseau de Byarnes (2). Il quitta le rivage d'*Iceland*, en l'an 1000, avec trente-cinq hommes et un Allemand nommé Tyrker,

(1) *Découverte de l'Amérique au* x^e^ *siècle*, par Prasta, publié à Stralsund.

(2) Probablement Bjorn, mot scandinave signifiant *ours*, et en même temps nom d'homme.

ami de son père. Battus par une tempête, ils furent jetés sur une côte inconnue, mais magnifique. Ils l'explorèrent ravis et ne s'aperçurent qu'en regagnant le vaisseau de l'absence de Tyrker. Inquiet, Leif, suivi de douze hommes, se mit à sa recherche et le trouva, à peu de distance du rivage, revenant accablé sous le poids des fruits qu'il rapportait. Il parla et dit : « J'ai trouvé des coteaux couronnés de pampres comme ceux que j'ai connus jadis ; j'ai cueilli ces fruits savoureux et me suis attardé vaincu par le charme de cette vallée, qui me rappelait le pays de mon enfance. » Leif donna alors un nom à cette contrée, qu'il appela Vineland.

Voilà la légende. Est-elle à l'histoire ce que l'aurore est au jour ?

Nous trouvons ensuite un vestige de viticulture en 1564. Dans la Floride, il fut fait, paraît-il, du vin avec le raisin du pays.

La première plantation sérieuse de vignes européennes fut faite en Virginie, vers 1620, par la *London Company*, avec une apparence de succès telle, que cette compagnie appela des vignerons français pour compléter son œuvre. Les vignes périrent, *par la faute des vignerons français ;* — on ne pouvait accuser les vignes elles-mêmes, ces gloires de l'ancien monde. Le nom du phylloxera était aussi inconnu que son existence. — Il ne restait de ressource, évidemment, que de conclure à l'incapacité des Français.

Ne nous indignons pas, nous en faisons autant tous les jours. Lorsque les Américains nous envoient un plant, selon eux, réfractaire au bouturage, on dit en France qu'on saura bien le faire reprendre ; s'il en reprend un sur mille, on chante victoire ; mais qu'on perde l'espèce sans avoir obtenu même une feuille, on condamne l'inconnue sans autre forme de procès. Un sentiment de patriotisme, mal entendu, nous fait préférer l'insuccès dans des essais condamnés d'avance par la science d'outre-mer, à l'acceptation pure et simple de cette science consacrée par la pratique et le succès. Ainsi acceptée, elle serait fécondée par notre climat et notre intelligence. Rien n'est nouveau sous le soleil : l'esprit qui portait les Américains à taxer d'incapacité les vignerons français est le même que celui qui empêche d'accepter d'un seul coup la vigne américaine, ses traditions, ses pratiques, en les modifiant peu à peu selon les besoins du pays, sinon pour notre plus grande gloire, au moins pour notre plus grand profit.

Retournons au Nouveau-Monde et à ses persévérants travaux.

Plusieurs esssais tentés par des Suisses, des Français, des Allemands n'obtinrent aucun succès ; notamment, en 1790, une colonie suisse avec un capital de 10,000 dollars, somme énorme pour le temps, fit de grandes plantations dans le Jessamine County, Kentucky. Ces colons échouèrent dès le début avec leurs cépages européens, cependant ils ne se découragèrent qu'en 1801 : ils changèrent alors de pays et de cépages et élirent domicile à 45 milles au sud de Cincinnati, sur l'Ohio, dans un endroit qu'ils nommèrent Vevay. Ils s'adressèrent cette fois à la vigne indigène : le schuylskill-muscadel, découvert sur les bords du Schuylskill par Alexander, jardinier de Penn. Dufour, l'intelligent directeur de la colonie, donna à ce cépage le nom de *cape* ou de *constantia*, soit pour spécifier une ressemblance avec son homonyme, soit pour conjurer les préventions fâcheuses des colons contre un cépage sans attaches à la mère patrie.

Voilà déjà deux phases bien caractérisées de la viticulture en Amérique : la première, — importation européenne, *échec complet* ; la seconde, — essai de la race native, prise telle quelle au bord d'un fleuve, *succès*, puisque la colonie cultivait encore une partie de ces vignes quarante ans après.

La troisième phase est caractérisée par des efforts patients pour améliorer cette vigne native.

Pour la clarté de ce qui va suivre, il devient utile de tracer quelques grandes lignes de démarcation divisant les principaux cépages en genres, espèces et variétés. Un tableau permettra d'éviter l'aridité de ces détails :

FERTILES, PLANTS DIRECTS.	INFERTILES, PORTE-GREFFES.
Sud, *estivalis*, goût franc.	*riparia*, reprise facile.
Nord, *labrusca*, goût foxé.	*cordifolia*, reprise difficile.

Inutile de s'occuper des catalogues de botanistes ou pépiniéristes, quant à présent.

Trois systèmes président aux essais d'amélioration :

1° Hybridation de la vigne indigène par les cépages européens. Mince résultat, défaillances, causes d'effroi. Le fruit ne vaut pas son père, la racine n'a pas la solidité maternelle. Résistance douteuse, qualité médiocre.

2° Hybridation des espèces américaines entre elles ; il est clair que là où le labrusca succombe, ses hybrides ne résistent guère (1).

(1) Le taylor entre autres, né chez le juge Taylor, Jericho (Kentucky), hybride de labrusca et riparia, tient plus de ce dernier. Excellent dans les sols légers, riches et profonds. S'il a des défaillances hors de son milieu, il les doit à son origine labrusca, qui lui a créé des besoins inconnus au riparia.

3° Amélioration par sélection et hybridation de sujets de même espèce. Prenant pour sujet l'estivalis, doué de tant de qualités, en cherchant les gros grains, les grosses grappes, en rejetant les grains trop solides et trop secs, on ajoutera à ses qualités natives celles qui lui manquent. — Déjà Jæger et d'autres viticulteurs sérieux ont obtenu en Amérique des résultats assez encourageants pour les engager à continuer leurs travaux.

A côté de cette viticulture ardue, mais très prudente, on a vu surgir en France une nouvelle] école que l'on pourrait appeler *l'industrie viticole franco-américaine*.

C'est à peine si les Français admettent que la vigne française ait vécu. Lorsqu'ils daignent accepter la vigne américaine, ils lui disent : « Tu ne parleras plus ta langue, tu quitteras ta couleur d'un vert trop changeant, tu te transformeras pour nous servir à notre guise, pas à la tienne, oubliant ta nature et ton éducation première. » Comment s'étonner si cette vigne vigoureuse et primesautière s'étiole et périt sous la désastreuse influence d'une taille trop courte et d'un milieu contraire à sa nature !

Cette même prévention contre la vigne étrangère a fait préférer la vigne sauvage d'Amérique, comme porte-greffe, à celles dont les Américains se servent avec la sécurité que donne une longue expérience. Là est un danger tout aussi grand que celui que courrait un Européen débarqué nouvellement au Mexique, s'il préférait le cheval des pampas affublé d'une selle anglaise et d'un filet, à la monture souple et pittoresquement harnachée de l'*haciendero* inspectant commodément son troupeau.

En effet, là, gît un grand danger à côté d'une belle espérance. C'est sur cette voie séduisante que je voudrais placer la prudence de M. de Lafitte et lui rendre quelque hardiesse d'initiative. L'*accident*, cette quantité inconnue qui sans cesse dérange l'équilibre de toutes choses, vient trouver l'expérimentateur trop prudent, où qu'il s'abrite, tandis que la fortune se plaît à choyer les audacieux intelligents, qui, marchent bravement du connu vers l'inconnu, regardant, écoutant, n'avançant d'ailleurs qu'autant qu'ils savent leur retraite assurée.

Parmi les espèces pures, il en est qui ont brillé, puis fléchi (1). Proscrivons-les, comme le font les Américains, et comme jadis en France nous proscrivions les variétés que l'expérience avait trouvées plus sensibles que d'autres à l'oïdium, à l'anthracnose, etc., ou peu appropriées au pays.

Les défaillances des labrusca confirment ma foi dans les estivalis, puisque, dans un même milieu phylloxéré, l'un périt et l'autre prospère.

Le riparia se défend d'autant mieux qu'il est peu attaqué; on trouve peu de phylloxéras sur ses racines, qui semblent avoir en outre une constitution inattaquable.

Le cordifolia a les mêmes qualités de résistance, mais est de reprise difficile. Peut-être supporte t-il mieux l'aridité et l'altitude.

Je cite le rotundifolia pour mémoire. La constitution de sa racine l'amènera peut-être à nous servir un jour. Actuellement, on ne lui connaît d'autre aptitude que celle de la résistance.

Je me résume :

(1) Le catawba en est un exemple. Le major Adlum signalait ce labrusca vers 1820 en disant qu'il croyait rendre à son pays, en vulgarisant cette variété, un service égal à celui qu'il lui rendrait en payant la dette nationale. Malgré sa délicatesse, il est encore cultivé en Amérique dans certaines localités favorables.

Les essais antérieurs à 1801 ont échoué parce que la vigne européenne a rencontré dans le nouveau monde un ennemi implacable et inconnu : le phylloxéra.

Les essais de la colonie de Vevay ont donné des résultats heureux, mais encore incomplets, avec le schuylskill, labrusca, accessible au phylloxéra, quoiqu'il puisse vivre avec lui, s'il est placé dans un milieu favorable. Cette résistance douteuse, le goût foxé de ses fruits atténuent les qualités de précocité et de fertilité communes à sa race (1).

Les produits de l'hybridation du labrusca avec les estivalis, riparias, cordifolias, sont entachés de cette même variabilité de résistance (2) ; sur ce terrain mouvant pas de théories possibles : prudence, patience, expérience ; pour une fois je tombe d'accord avec M. de Lafitte.

Mais les estivalis résistent certainement assez longtemps pour nous payer de nos peines, peut-être résisteront-ils toujours. Leur vin ressemble au vin français ; sa couleur, son degré d'alcool, varient du narbonne le plus corsé aux vins rosés les plus légers. Il ne remplacera évidemment jamais les grands crus, mais il se faufilera partout où se faufilait *le montagne* en s'appelant tour à tour des noms de Beaune, Saint-Georges, Langlade. Si d'ailleurs les grains de l'estivalis sont trop petits et trop secs, une patiente sélection aura raison de ses défauts. Il est vrai encore que sa multiplication est très difficile ; il faudra adopter le mode de propagation américain : bou-

(1) Je ferais peut-être une exception pour le hartford-prolific, si vigoureux, si fertile qu'il mérite l'appellation qu'il a reçue : *the grape for the million.*

(2) Le clîton dérivé du cordifolia, succombe dans le Midi ; pourtant il a produit le vialla, qui résiste vigoureusement partout.

tures à un œil, en serres chaudes et tempérées. Je sais par expérience que cette méthode laborieuse et délicate est possible, excellente même dans ses résultats, car un plant, produit de bouture à un œil, est très supérieur à un plant, produit de marcotte ou de bouture à plusieurs yeux. Enfin, cette difficulté de reprise une fois vaincue, l'estivalis nous fournira nos meilleurs porte-greffes. Hier même, pensant déjà à ce que j'écris aujourd'hui, je demandais à un paysan des plus intelligents et des mieux renseignés ce qu'il comptait planter pour lui-même. Il m'a répondu sans hésiter : « Des herbemonts (1) enracinés ; je les grefferai la seconde année en bonnes espèces du pays. Si une partie des greffes manque, j'aurai quand même une vigne régulière, car l'herbemont ne périra pas ; j'aurai un revenu assuré augmenté par le plus ou moins de greffes réussies. »

Le plan de campagne d'un homme *qui y pense toujours*, qui depuis six ans est sans cesse courbé sur un sarment, sur une greffe, résume ce que je sais, ce que j'en conclus, ce que j'en espère.

Les estivalis du Sud prospèreront dans la région de l'olivier ; ils enrichiront le travailleur après l'avoir nourri.

A côté de cette ligne absolument sûre se placent des essais faits avec les porte-greffes, greffés en espèces françaises. Soyons prudents sur cette route à peine tracée. J'y marche pourtant avec confiance, puisque chez moi, dans les mas de Baguet (2), mes plantations se divisent ainsi qu'il suit :

(1) Herbemont : le plus répandu des estivalis du Sud, fertile, vigoureux, vin fin et léger.

(2) Canton de Saint-Gilles (Gard).

Au 1er mai 1880, il existait en taylors...	242 hectares.
(Principalement jacquez) estivalis...	80 »
riparias...	75 »
divers....	8 »
	405 hectares.

Il existera, au 1er mai 1881, 50 hectares de plus en jacquez, vialla, riparias, — mais dans un nouveau pays, au Deffends, en Provence (1). Le changement de sol m'impose plus de prudence que dans les mas de Baguet, où la terre semble prédestinée aux plantations américaines. J'insisterai moins sur le taylor, qui craindrait le diluvium alpin, très calcaire par endroits. Mais le jacquez occupera de grands espaces, ainsi que les riparias soigneusement triés par variétés, à l'exclusion des douteuses, qui nuisent à la réputation des autres; le vialla prendra aussi une large place dans les parties trop calcaires, laissant les terres rouges et chaudes à l'herbemont, — tandis que les solonis, cordifolias, rupestris se joindront à ce dernier pour s'échelonner, selon les sols et altitudes, sur les plateaux de Saint-Antonin (2).

A Châteauneuf-le-Rouge (3), les bords de l'Arc recevront des riparias greffés en variétés françaises.

Si je parle ainsi de mes actes et de mes projets, c'est uniquement pour prouver que je ne dis pas à mes collègues viticulteurs : *Allez*, mais : *Venez*, que je leur offre

(1) Canton de Trets (Bouches-du-Rhône).

(2) Près Aix en Provence, ancien camp retranché de Marius, plateau élevé entre la montagne de Sainte-Victoire et la plaine de l'Arc, borné de ce côté par le Cengle, barre de rochers formant rempart.

(3) Au pied du Cengle, borné par l'Arc, canton de Trets.

le partage de ce que l'expérience m'a appris, avec d'autant plus de plaisir que cette expérience commence à être appuyée sur des succès réels.

Reprenons maintenant dans l'article de M. Prosper de Laffitte sa théorie sur la résistance. En effet, les vignes résistent toutes plus ou moins. Elles ont cela de commun avec les autres végétaux, qui, selon leur nature et leur milieu, résistent ou succombent devant un même fléau. Nous voilà arrivés à l'*adaptation*, que M. de Lafitte semble considérer comme une excuse commode et toute prête pour expliquer les insuccès sans nier la résistance. Il me paraît injustement sévère pour ce mot, exprimant une vérité et une action traditionnelle et insensible qui présidait naguère à la répartition des différents cépages français dans la zone qui leur était propice. Chaque variété a une patrie autour de laquelle elle rayonne en diminuant de valeur à mesure qu'elle s'éloigne du point où les circonstances lui permettent d'atteindre son plus haut degré de perfection : l'aramon, dans l'Hérault, la folle-blanche, dans l'Ouest, etc. (1) Il me paraît donc illogique de demander à la vigne américaine, à cette colonie composée de tant de cépages variés, venue de tous les points d'une vaste contrée, transportée dans une cale surchauffée et malsaine, de se repartir avec discernement sur la face d'une terre étrangère, sans erreur de latitude, de sol ni d'exposition.

Etant donné, d'une part, cette répartition à laquelle le hasard seul a présidé, de l'autre une légion d'insectes prêts à fondre sur les souffreteux, est-il surprenant que

(1) Le spiran d'Espagne et l'œillade sont fertiles entre Nimes et Aigues-Mortes et ne le sont pas ailleurs dans le même département, malgré les mêmes conditions apparentes.

la mortalité soit plus grande que si les malades avaient été éliminés et les bien portants intelligemment placés dès leur arrivée ? — Qui n'a vu dans un poulailler des myriades d'insectes achever les poussins malades et respecter les bien portants, ou encore les herbivores logeant par milliers les larves de mouches parasites qui dominent ou sont dominées selon l'état général de l'animal ?

M. Prosper de Lafitte dit qu'il faut du temps, beaucoup de temps pour savoir ce que vaut la résistance de chaque cépage. Vingt ans lui suffisent-il ? En ce cas, les jacquez de M. Borty, à Roquemaure (1), pourraient être acceptés comme résistants, et à eux seuls repeupler le Midi. Puis le jacquez étant un estivalis créé par un estivalis, comparativement plus délicat que son aîné l'herbemont, nous pourrions, ce me semble accepter celui-là aussi et par extension raisonnée, tous les estivalis purs d'hybridations européennes.

Mais là encore reparaissent les malices de l'adaptation, qui ne permettent pas au norton's virginia une fructification normale dans notre région.

Les gens qui, comme moi, aiment à croire et désirent croire, acceptent la théorie d'un sérieux viticulteur du Texas, qui divise les estivalis en trois groupes prospérant chacun dans une zone différente, mais se conservant dans toutes : le norton au nord, le jacquez au sud, le rulander au milieu, l'herbemont presque dans les trois. Inutile de cataloguer et diviser toutes ces variétés, dont la grande culture n'a que faire quant à présent. Lorsque nous aurons atteint le bien, nous chercherons le mieux ; en attendant, raffermissons-nous dans ce qui est acquis et conservons-le.

(1) Près d'Avignon.

Je lis encore : « Tel cépage vit depuis tant d'années avec le phylloxéra dans telles conditions de climat, de sol, de culture, mais rien ne permet de dire combien de temps il a encore à vivre. » Moi je dis : Si la durée connue est assez longue pour que les frais de plantation et d'entretien soient largement dépassés pendant la période de résistance connue et qu'on puisse de la sorte assurer un revenu annuel et rémunérateur à la terre, plantons et espérons ; car d'abord cela rapportera plus qu'un *statu quo* timoré, et ensuite qui peut dire si un végétal qui a vécu déjà dix ans, vingt ans, ne dépassera pas ces limites ?

Quant aux taches observées ici, là,... phylloxériques ou autres, je réponds : J'ai une vigne dans laquelle plusieurs variétés se suivent par rangées parallèles et traversent un point rond qu'on pourrait croire phylloxéré, car toutes y faiblissent, sauf l'herbemont, et encore ! Mais avant d'être vigne, ce champ accusait la même tache dans l'orge, le maïs, les betteraves, etc. ;... eux aussi étaient froissés dans leur adaptation.

Quant à la question engrais, *cause de résistance*, je dirai peut-être un jour, lorsque je serai sûre de mon dire, engrais, *cause de dépérissement*. Je sais pourtant d'ores et déjà que la fumure, telle qu'elle se pratique en France, est favorable au riparia et au taylor.

J'arrive au point qui me paraît être le plus saillant de la thèse à laquelle je réponds. C'est peut-être pour raconter ce qui se passe dans mon village que je prends la plume, par amour du clocher.

Je cite la phrase en entier : « Ceux qui connaissent ces cépages par ce qu'ils en voient semblent les apprécier beaucoup moins que ceux qui les connaissent par ce qu'on en dit : ainsi l'étranger qui admire ces belles vignes dans les terrains riches de l'Hérault ou du Gard et qui suppute par la pensée ce que rapportera à son heureux propriétaire le sarment d'une seule de ces magnifiques souches se demande avec étonnement pourquoi le voisin qui a toute l'année ce séduisant spectacle sous les yeux en plante lui-même si rarement. »

A ceci je répondrai par des *faits*, des *étendues*, des *dates*. Je prouverai que, si moi, j'ai été assez osée pour planter plus de 450 hectares de vignes en six ans, — pour en préparer autant à planter d'ici à 1884, — j'ai eu et j'ai pour complices mes propres ouvriers et fermiers à mi-fruits, qui soignent mes vignes et les voient d'assez près pour avoir une opinion ; et pourtant ils risquent leur travail, leur temps, leur salaire pour en planter à leurs frais exclusifs à mi-fruits moyennant la jouissance gratuite pendant dix années d'une étendue de terre correspondante à l'étendue plantée. — Il m'en vient tous les ans de nouveaux ; pourtant mes conditions d'indemnité se resserrent chaque année et mes exigences de plantations s'élargissent, vu la confiance croissante dans la reconstitution des vignobles (1). Si vraiment la vigne américaine résiste fructueusement, comme j'ai tout lieu de l'espérer, j'aurai planté avec joie et orgueil aux avant-postes de la viticulture le drapeau des vignerons de Garons (2). Mes hardis compagnons de route ne se sont pas arrêtés aux estivalis, — la rareté de ces plants, la difficulté de reprise les eût retardés au début. Je n'avais pas encore une fabrique de plants avec serres chaudes et tempérées, pour le bouturage à un œil,

(1) J'ai loué dans ces conditions 223 hectares à 26 colons différents.

(2) Canton de Nimes (Gard).

comme je l'ai établie en vertu de ce principe économique qui veut que, lorsque, par nécessité, on est acheteur au profit d'autrui, on retourne la situation pour devenir vendeur au sien.

Mes premiers colons ont d'abord planté des taylors comme je l'ai fait moi-même à côté de mes nombreux estivalis. Ces premiers essais nous donneront cette année abondance d'œillades (1), de cinsaut (2) et de chasselas. Deux ans après j'ai pu leur fournir des riparias. Si réellement ce dernier porte bien la greffe d'aramon, alors la viticulture ne rencontrera plus d'obstacle sur le chemin de la prospérité, — et je n'admets pas ce que dit M. Prosper de Laffitte des 70 hectolitres remplaçant les 300 sur les porte-greffes, car je sais des exemples du contraire (3),— et celui pris chez M. Pagézy ne prouverait rien, si, comme je le crois, ses aramons sont greffés sur clinton ; ce dérivé du cordifolia, non-seulement ne prospère pas, mais il ne *vit* pas dans notre région ; peut-être se comporte-t-il mieux chez M. Pagézy, mais en tout cas la réputation du clinton est trop mauvaise pour pouvoir nuire à celle des plants greffés. Quant au doute émis sur la durée des riparias, il l'est peut-être légèrement. Ce doute est né à côté des pleins succès du vialla et les variétés de riparias sont si inégales de valeur et si nom-

(1) Gros raisin noir, précoce, excellent.

(2) Ressemble au précédent, plus précoce, moins parfumé.

(3) Des riparias plantés en bouture en 1876 et greffés en 1877 en aramon ont produit cette année en moyenne 16 kilogrammes de raisins par pied. En prenant pour moyenne 12 kilogrammes pour des pieds âgés de trois à six ans, nous aurions 28,000 kilogrammes de raisins à l'hectare, par conséquent en déduisant 4,000 litres de marc, 240 hectolitres de vin. — Nous sommes loin des 70 hectolitres dont M. Laffite nous menace.

breuses (un méticuleux et savant observateur en a compté trois cents et plus nées d'hybridations infinies dans les forêts d'Amérique), que je ne m'en inquiète nullement. De ces buissons grimpants on peut séparer quelques belles variétés bien caractérisées, bien suivies, — les unes, les glabres, s'accommodant de la sécheresse des coteaux, d'autres pubescentes, préférant les plaines profondes. Ces riparias à peu près purs donneront de beaux résultats, et si le vialla est d'une adaptation plus générale, si son nom français satisfait l'esprit national, ce n'est pas une raison pour le soutenir aux dépens du riparia. Cette partialité n'augmenterait pas sa résistance si elle n'était complète, — et ce cépage nous est arrivé sous des auspices si éclairés, si respectés, qu'il n'y a qu'à le laisser faire pour qu'il se place à la tête des porte-greffes heureux.

Je me réjouis comme propriétaire de ne pas partager lee craintes de M. Prosper de Lafitte ; elles sont contraires à tout ce que je vois et à tout ce que j'ai expérimenté ; c'est dans le désir de rendre service à la viticulture et en ne me qualifiant que de *grape-grower for profit* que je suis venue combattre un très spirituel touriste agricole viticole.

LA

VIGNE AMÉRICAINE

EN AMÉRIQUE

EXTRAIT DE LA *REVUE DES DEUX-MONDES*

LIVRAISON DU 1er MAI 1881.

LA VIGNE AMÉRICAINE EN AMÉRIQUE

Nous avons raconté dans un précédent travail (1) l'histoire des essais d'acclimation de la vigne européenne dans le Nouveau-Monde : comment des hommes de tous pays se sont unis dans une recherche commune, chacun apportant à la cause son contingent de travail, d'expérience, et la vigne de son pays. — Cette importation n'a pas été heureuse, a retardé le succès final et a permis aux Anglais, qui n'apportaient ni plants, ni traditions, de s'associer à l'œuvre dont nous allons suivre pas à pas les progrès. Nous poursuivrons le sujet jusque dans des monographies sans intérêt pour ceux qui ne considèrent la crise actuelle qu'à un point de vue humanitaire, tandis que les vignerons pourront puiser dans cette étude des indications utiles pour conjurer la ruine qui les menace.

Reprenons la viticulture telle que nous l'avons laissée en 1820, après les échecs de la vigne européenne, en plein succès de la colonie de Vevay, c'est-à-dire en présence de deux routes, l'une fermée par l'insuccès, l'autre ouverte à l'espérance. Le succès de cette colonie suisse

(1) Voyez la *Revue* du 1er avril.

ne la rendit pas viable, elle se découragea devant un fait brutal, indiscutable. En Amérique, douze livres de raisin font un gallon (4 litres 1/2) de vin ; en Suisse, dix livres suffisent pour faire la même quantité. Ces deux livres pesaient trop lourdement sur des hommes qui éprouvaient inconsciemment la lassitude d'une grande œuvre accomplie dont ils n'avaient ni les gloires, ni les joies, car leur directeur, Dufour, savait seul que, sous le nom de *cape constantia,* il avait civilisé la vigne américaine. L'œuvre de cette industrieuse colonie fut continuée par des hommes nouveaux qui cherchèrent la solution du problème dans l'essai d'autres variétés indigènes et dans l'hybridation de ces variétés avec le *vitis vinifera,* la vigne asiatique, répandue en Europe. Maintenant que le phylloxéra a compliqué le problème et qu'il faut, outre la qualité, la résistance, ces essais d'hybridation ont dû s'appliquer aussi aux vignes indigènes entre elles. Avant d'énumérer les variétés essayées, abandonnées ou conservées, examinons une question devenue industrielle et inséparable de l'existence même de cette vigne nouvelle : il s'agit désormais de la créer assez abondante pour suffire aux plantations dont l'urgence, aujourd'hui méconnue, ne tardera pas à apparaître aux yeux les plus aveuglés par des espérances chimériques ou par une fausse sécurité.

Revenons pour un moment en Europe et comparons entre eux les procédés de multiplication de l'ancien et du Nouveau-Monde.

La vigne européenne se reproduit facilement par simples boutures ; le vigneron se procure ainsi les jeunes plants dont il a besoin et il emploie les provins pour remplacer les manquants dans les vieilles vignes. — Le contraire est le vrai en Amérique ; la bouture longue ou ordinaire n'est possible que pour certaines variétés inférieures. Le marcottage ou provinage est difficile et dispendieux pour les bois rares; le semis est un moyen de trouver de nouvelles variétés qui a sa raison d'être, parce que les bonnes variétés sont encore imparfaites et rares et que l'Américain, novateur dans l'âme, commerçant jusque dans la moëlle des os, trouve dans d'incessantes créations un moyen d'alimenter et d'animer le marché. — De ces fabriques, si l'on peut appeler ainsi des établissements horticoles, il sort des prospectus incroyables, invraisemblables, et l'on s'étonne, à côté des merveilles décrites et prônées, de voir subsister des variétés dont l'oraison funèbre a été prononcée depuis des années. Ainsi le *catawba*, né en 1820, qu'Husmann (1) cite dès 1866 comme devant être relégué au musée des souvenirs, entre encore en 1879 pour 7/8 dans les 1,000 tonnes de raisins pressés à Kelley-Island (lac Erié), et nous lisons dans les annonces de 1880 : *sparkling catawba, dry catawba*, etc., à 1 et 2 dollars le gallon. Je crois néanmoins que sa dernière heure approche, car l'étendue croissante des vignobles aggravera évidemment l'intensité du fléau, et, l'effet rejaillissant sur la cause, les mourants passeront à la colonne des morts et les malades à celle des mourants, pour céder la place aux cépages réellement résistants, et cela malgré leurs difficultés de propagation, difficultés qui me ramènent à la fabrication industrielle des plants.

Des établissements consacrés à cette fabrication existent déjà dans une certaine mesure, et le besoin de se procurer des plants absolument résistants leur donnera

(1) *The Culture of the native grape*, by Husmann ; New-York, 1866.

une importance croissante. Examinons le but, les théories et les pratiques de cette industrie nouvelle.

Les vignes indigènes se divisent, selon la facilité ou la difficulté de reprise, en deux groupes distincts : le premier, à reprise facile, se compose des *labruscas* foxés et peu résistants, et des *riparias* infertiles et indemnes; le second groupe comprend les *estivalis*, absolument résistants, à bons fruits, et les *cordifolias* infertiles et indemnes.

Riparias et *cordifolias* n'ont d'intérêt en Amérique que pour l'expédition de porte-greffes résistants en France et en Californie, tandis que le groupe *estivalis* est le point lumineux de la viticulture, dont la vue réchauffe les cœurs, ranime l'espérance, satisfait les esprits qui réfléchissent au lieu de se payer de raisonnements vagues ou faux.

Ceux qui se permettent de donner des avis et des conseils sur des sujets qu'ils ne connaissent pas sont bien coupables. Il y a des lois pour empêcher les rebouteurs de traiter et de tuer les malades ; quelle protection y a-t-il pour le vigneron, qui, incapable par situation et manque d'instruction, de vérifier l'exactitude de ce qu'on lui raconte, est à la merci de théoriciens ou d'industriels qui le mènent à sa ruine en masquant la vérité, en le leurrant d'un salut *chimique* et chimérique, en prenant son argent, ses années, ou encore en prônant légèrement des procédés qui ne sont appuyés que sur des essais de jardinage impossibles à transporter dans la grande culture ?

Le groupe des estivalis est en effet une planche de salut absolument solide ; il a en plus l'avantage de produire des vins rappelant ceux d'Europe et en quantité suffisante. Mais ses variétés les plus pures émettent diffiilement des racines, même par un marcottage soigneux. — La greffe est incertaine comme multiplication de bois ; elle peut à la rigueur transformer un vignoble inférieur et non résistant en un vignoble résistant et de bonne qualité. Mais ce sacrifice de beaucoup de bois ne produit qu'un ensemble inégal, je le sais par expérience ; le marcottage est ruineux, un long sarment couché produira une ou deux marcottes. Bref, tous ces procédés coûteront toujours plus de bois rares et n'atteindront pas le résultat de la bouture à un œil.

En effet, la bouture à un œil réunit les avantages des semis à ceux de la bouture ordinaire et évite les inconvénients inhérents à chacun de ces procédés. Appuyons cette assertion sur l'étude de la constitution théorique du plant : il doit se composer essentiellement d'une racine et d'une tige se réunissant en un point nommé collet, point décisif où les fonctions des organes s'effacent pour servir de transition à des actions physiologiques absolument différentes. Le plant de semis remplit parfaitement ces conditions, mais il a contre lui une jeunesse, une enfance même, indéfiniment prolongée, si bien qu'on peut, comme plant direct, hâter sa production et connaître plus tôt sa qualité en greffant son bois sur une autre souche, ou en le faisant enraciner par marcottage pour l'isoler de sa propre racine. Comme porte-greffe, sa racine pivotante trouble l'existence des greffes en lui lançant sans cesse de nouveaux rejets qui l'affament et l'étouffent. Enfin, dernier et principal défaut, il ne reproduit que l'*espèce* et non l'*individu*. Un pépin produira une vigne, produira même un *labrusca* ou un *estivalis*, mais le jeune plant ne sera ni un *concord* ni un *herbemont* ; il aura une grande analogie avec son ascendant, mais il n'en reproduira pas exactement les caractères, il sera blanc, noir, rosé, fertile, infertile, délicat ou robuste, sans égard pour sa parenté ; le seul caractère invariable, si le pépin est pur de toute hybritation, sera sa résistance au phylloxéra quand le phylloxéra sera seul à l'attaquer ; mais si, par sa nature individuelle, il est sujet au *mildew* (1) ou au *rot* (2), le phylloxéra le trouvera sans défense et le tuera malgré sa racine résistante.

Passons à l'étude de la marcotte. Elle reproduit l'espèce et aussi l'individu, si elle n'est la chair de sa chair, elle est le bois de son bois, mais avec la différence qui distingue constamment les interventions divines des interventions humaines, Ève fut une créature parfaite et la marcotte n'est jamais qu'un fragment d'arbuste muni accidentellement de racines mal attachées, — à moins qu'une disposition heureuse et une serpette intelligente ne lui donnent l'apparence de la constitution normale qu'on lui souhaite, et qu'elle ne se compose d'une tige, d'une racine et d'un collet, ce dernier étant un intermédiaire indispensable pour que la tige et la racine accomplissent leurs fonctions respectives.

La bouture à plusieurs yeux, incertaine, impossible pour certaines variétés supérieures, manque d'ensemble dans sa constitution. La longue partie de vieux bois ralentit par sa texture le va-et-vient vital entre les deux nouvelles productions herbacées, *tige* et *racine*, tandis que la bouture à un œil, qui ne conserve du vieux bois que ce qu'il en faut pour jouer un rôle assimilable à celui des cotylédons dans les graines, permet à la circulation de s'établir dès le premier jour entre vaisseaux de

(1) Moisissure des feuilles.

(2) Pourriture du fruit, gagnant la plante entière.

texture absolument homogène. La bouture à un œil coûte moins de bois, prend moins de place et donne un plant plus abondamment fourni de racines que de tiges ; circonstance assurant au jeune plant vigueur et précoce fertilité.

Voyons maintenant par quels procédés et en vertu de quelle théorie ce plant peut être obtenu.

La dureté du bois et la fraîcheur de la terre ralentissent le mouvement vital, qu'accélèrent, au contraire, la lumière et la chaleur. Le bourgeon se met donc en mouvement avant que la racine ait le temps de se former dans un élément plus froid. Ce manque d'ensemble dans le réveil de la végétation est sans inconvénient pour les espèces qui s'enracinent facilement, car tôt ou tard les racines se forment et viennent au secours de la tige pour la nourrir, témoin des boutures européennes, celles des *labruscas* ou *riparias*. Mais, dans les variétés à bois dur, la tige se développe et absorbe toute la sève avant la naissance de la racine ; elle prospère et s'allonge tant que le bois peut la nourrir ; puis, quand elle ne trouve plus d'aliment, elle se flétrit, sèche, et emporte une illusion.

Le but à atteindre est celui-ci ; intervertir les températures naturelles pour hâter le développement de la racine et ralentir celui du bourgeon, préparant ainsi à l'avance un approvisionnement régulier de la sève qui doit fournir les éléments nécessaires au développement du bourgeon et de la tige. Théoriquement, cela semble facile, mais dans la pratique il est très difficile de régler une chaleur souterraine uniforme, que ce soit en serre ou sur couche ; il est très difficile de maintenir l'air frais et suffisamment humide, pour ne pas favoriser une trop grande évaporation par les feuilles, sans pourtant favoriser l'existence des cryptogames qui guettent ces jeunes plantes, vertes au matin, noires et pourries au soir, si la chaleur de midi a coïncidé avec un excès d'humidité.

Cette fabrication industrielle de plants, avec des hommes capables et spéciaux, dans des locaux appropriés, est une nécessité, car la petite culture ne peut produire au prix où les grands établissements peuvent vendre. La grande propriété aura tout avantage à produire elle-même les plants dont elle a besoin, car, d'une part, elle dispose gratuitement de la matière première dans les rebuts de ses ventes de sarments ou de plants, et de l'autre elle peut, en se mettant vendeur, atténuer ses dépenses comme acheteur.

Revenons au jeune plant devenu fort, muni de belles racines. Il passe à la serre tempérée ou à la pépinière, selon sa force et la saison. Les plus forts sont vendus le premier hiver, la seconde qualité est employée sur la propriété ou vendue à deux ans, car, en Amérique, on ne partage pas les préventions françaises contre le plant de cet âge (1).

Dans une prochaine étude, nous verrons combien cette question sera capitale en France, car c'est derrière elle que s'abrite et se cache l'obstacle à la vulgarisation des variétés à produits directs. Il se prépare en Amérique des quantités de ces variétés, grâce aux patients travaux de quelques savants viticulteurs ; il sera désirable de les multiplier rapidement ; exemple les *estivalis* à gros grains créés par M. Jaeger, le *neosho* créé par M. Muench, qui, à l'âge de quatre-vingt et un ans, le suit avec intérêt et cherche à trouver mieux encore.

(1) Husmann, Fuller, Saunders, etc.

Ce qui frappe dans la viticulture américaine, c'est qu'elle n'est ni aidée, ni gênée par la tradition ; ses théories sont scientifiquement suivies et raisonnées par des gens compétents et intéressés, tandis qu'en Europe la tradition domine la viticulture et arrête ses progrès par la prépondérance du vigneron ignorant sur l'homme instruit, mais inexpérimenté, qui soumet son jugement à l'ouvrier par crainte de mal appliquer ce qu'il sait.

L'économie de main-d'œuvre aux Etats-Unis est assez inégale ; on y met utilement la charrue dans les pépinières et les jardins maraîchers ; tandis que les vignes se font à grand frais de treillage, travaux manuels, etc. Faisons exception pour la Californie, où, au contraire, on fait de la grande culture dans la plus large acception du mot. Le père (1) du président (2) de la société viticole de San-Francisco a fait, il y a quelques années, une étude intelligente et fructueuse des vignobles de l'est de la France et du Rhin. Grâce à lui, son pays a fait un pas énorme, et je vois que les *port*, *claret*, *riessling*, *zinfandel* occupent la première place avec les eaux-de-vie dans la production californienne.

Les états du Nord et l'Est produisent de très mauvais vins, non-seulement mauvais, mais bizarres ; les Américains sont habitués à ce goût foxé et l'acceptent. La production des *labruscas* est si grande que, si le phylloxéra ne les détruit pas, la classe ouvrière y trouvera une boisson saine et peu chère. Les vins du Sud, produits par les variétés d'estivalis, sont réellement bons ; droits de goût et alcooliques, sans les mesurer avec les grands crus européens, on peut les classer dans la consomma-

(1) M. Agoston Harasthy.
(2) M. Arpad Harasthy.

tion ordinaire courante, peut-être même un peu plus haut. — Il est évident que certaines variétés américaines ont assez de qualités pour rester dans la culture européenne, même si le phylloxéra, chose impossible, nous quittait.

Dans l'étude qui a précédé celle-ci, étude superficielle, effleurant toutes les questions sans en approfondir aucune, j'ai esquissé l'histoire des plantations européennes. Il faut revenir sur nos pas pour placer la Californie à son rang viticole et sous son jour actuel, car les morts vont vite, et ses beaux vignobles vont mourir si un grand et intelligent effort ne les sauve.

Ajoutons aux vignobles déjà cités la *vina madre*, plantée par les jésuites en Californie en 1697 et celle plantée par les franciscains (1) dans la haute Californie, en 1770. Plus heureuse que celles de Winthrop à Boston Harbourg (1632), que celle des Hollandais à Hudson (1650), des Français dans l'Illinois (1660), ces deux vignes réussirent au-delà de toute expression; grâce à elles, la Californie se couvrit de vignes, et rien n'égalait sa prospérité en 1860, époque à laquelle l'acre rapportait en moyenne 1,000 gallons en espèces de bonne qualité, mais de fertilité moyenne : gutedel, riessling, alicantes, muscats, etc.

Le phylloxéra après avoir sourdement miné les vignobles européens et les cépages indigènes peu résistants aux Etats-Unis, attaque en ce moment la Californie. Sa force est décuplée par le nombre, mais il est connu et attendu, et deux citations tirées de feuilles américai-

(1) *A contribution to classification of species and varieties*, by Mac-Minn, civil engineer, 1860. *Both sides of the grape question.*

nes (1) diront mieux que je ne puis le faire comment cette invasion est reçue et combattue. Les conclusions de cette expression réaliste et journalière de la viticulture commerciale, sont le plus consolant témoignage que nous, promoteurs confiants de la plantation américaine en France, puissions recueillir de la bouche de ce peuple essentiellement pratique. Dans un numéro de septembre 1879 (2), je trouve confirmé ce que nous a appris dès 1875 notre compatriote M. Planchon. Le célèbre entomologiste, le pofesseur Riley écrit : « que l'échec de la vigne européenne (*v. vinifera*) plantée ici, l'échec partiel de beaucoup d'hybrides de vinifera, la détérioration de nos espèces les plus délicates de racines soient principalement dus à la présence de cet insidieux petit insecte, cela est absolument hors de doute (3)... » Dans une lettre datée du 12 février 1881, après avoir établi que l'identité de la forme radicole et gallicole est un cas de polimorphisme assez général chez les insectes, le savant professeur ajoute : « Je puis en dire autant de la nature indigène du *phylloxera vastatrix* en Amérique; mes propres écrits sur ce sujet prouvent qu'il est indigène, aussi complètement qu'une semblable question peut être prouvée. »

Je reprends mon auteur : le *Wine and Grape Grower* (octobre 1879), Dans un article intitulé : *le Phylloxéra ; moyen d'éviter ses attaques*, ce conseiller pratique indique : plantation de vignes résistantes comprises : 1° dans toute la famille des estivalis indigènes de la Virginie ; 2° dans la famille des estivalis du Sud, natif des Carolines ; 3° des scuppernongs ; 4° des cordifolias et riparias

(1) *American Grape and Wine Grower.*
(2) *Ibid.*
(3) Root-louse.

comme porte-greffes. Après ces conseils, il ajoute que le delaware et tous les labruscas, de même que les vignes exotiques, sont fort sujets aux atteintes du phylloxéra, que les taylors et le clinton portent aussi des phylloxéras sur leurs feuilles, mais que c'est jusqu'ici sans inconvénient. Les elvira, noah, missouri, black-pearl, tous semis du taylor paraissent jouir de la même immunité. Quoi de plus consolant que de retrouver conseillé, prôné en Amérique, un programme suivi dans le Gard depuis 1875 ?

Dans le numéro de novembre-décembre 1879, ce même journal donne une longue lettre de Sonoma, qui peint éloquemment une situation analogue à celle que le phylloxéra fait à la France : « Quoique le fléau soit de dix ans plus jeune en Californie qu'en France, dit le correspondant, le cri d'alarme d'un Californien réveillera peut-être un écho fécond dans la France qui s'endort. »

Julius Dresel, de Sonoma, écrit à l'*Alta* ce qui suit concernant le phylloxéra, ses dangers et les moyens de défense employés : « Il faut que des mesures immédiates soient prises contre ce fléau. Verrons-nous sans alarme la fertilité croissante des vignes de Sonoma céder la place à un vaste désert ? Pas une mesure sérieuse n'a été prise jusqu'ici pour le combattre. Se méprend-on sur l'intensité du mal déjà fait, ou veut-on se résigner à voir le désastre s'achever ? »

« Permettez-moi de vous soumettre le fruit des réflexions et de l'expérience, qui, impuissantes à arrêter le fléau, ont cherché du moins à en atténuer les effets désastreux.

» Quelques procédés chimiques ont été expérimentés ; il est plus sage et surtout plus économique de les laisser absolument de côté. Un grand prix a été offert en France au chimiste qui découvrirait un procédé sûr dans des conditions de prix abordables ; personne encore n'a pu le mériter, et quand même le remède serait trouvé, pourrait-on l'appliquer à une surface de 100 acres sur une profondeur de 4 pieds ? et où prendre tout l'argent nécessaire ?.. J'ai vu de mes yeux le phylloxéra ramper sur ses victimes sans égard pour jeunesse ou vieillesse, faiblesse ou vigueur. Toute vigne de race asiatique, *vitis vinifera*, c'est-à-dire toute vigne importée d'Europe doit fatalement succomber sous les piqûres répétées de ces myriades d'insectes, piqûres dont la conséquence est la pourriture des racines. Les fumures ne les préservent nullement. La dévastation s'étend sans s'arrêter ni devant le sol le plus riche, ni devant le plus pauvre ; forts et faibles périssent également. En trois années, la ruine est consommée. La première année est marquée seulement par la couleur jaune des feuilles ; la seconde, les sarments deviennent courts et droits, de longs et arrondis qu'ils étaient ; la troisième année, tout est perdu : on croirait voir de vieux troncs de saules. Les Français semblent avoir tourné la difficulté : ne pouvant se débarrasser de l'ennemi, ils essaient de vivre avec lui et de planter les vignes résistantes des bords du Missouri. Suivant leur exemple, j'ai planté deux variétés blanches de riparias cultivés, l'elvira et le taylor, plus une variété rouge sauvage de la même espèce, le cordifolia, qui leur est préférée jusqu'à ce jour ; j'en ai greffé les boutures avec des gutedel, riessling, zinfandel, etc., et je les vois pousser avec leurs greffes tout aussi bien qu'autrefois nos vieilles vignes, ainsi que celles mises à enraciner en pépinière.

» Mon expérience personnelle ne va pas plus loin, mais j'ai pleine confiance dans cette manière de sortir de peine, encouragé par le succès des Français relaté par Wetmore dans l'*Alta* et aussi par les expériences microscopiques de Hecker, de Belleville, qui déclare les fibres de riparias trop dures pour pouvoir être endommagées sérieusement par la trompe du phylloxera. Le catawba, l'isabelle et autres variétés sont progressivement abandonnées, probablement comme douteuses.

» Il y a dans ce qui précède des motifs suffisants pour employer les variétés résistantes pour de nouvelles plantations. Je ne puis voir sans étonnement ceux qui continuent à croire à la vigne asiatique jusqu'à en planter de nouvelles, les sachant entourées de leurs innombrables et implacables ennemis : ceux-là attendent sans doute quelque évènement imprévu, défavorable au phylloxéra ; mais nous qui sommes las et surchargés de vignes mourantes ne partageons pas leur illusion, de crainte qu'une hypothèque fatale, prise par l'ennemi, ne tarisse notre fortune dans sa source.

» Voici le procédé que j'emploie. Je greffe soigneusement une bouture avec un greffon à deux yeux, — je lie soigneusement avec un lien approprié et n'ai employé jusqu'ici aucun mastic. Chacun pourra faire en cela comme il l'entendra, pourvu que les greffes soient tenues fraîches et humides dans de la terre, ou mieux encore dans du sable en attendant la plantation. Par ce procédé, tranquillement assis chez moi, je puis faire cent soixante-quinze greffes, par jour, tandis que le même travail fait en place trois années plus tard, serait beaucoup plus long. Je laisse au jugement de mes collègues vignerons de décider si l'enracinement préalable en pépinière des boutures et de leurs greffes l'année suivante n'est pas préférable.

» Si les commandes de boutures du Missouri sont

faites en octobre, elles seront expédiées en janvier, la plantation pourra donc avoir lieu en mars au plus tard. Ne vous attendez pas à recevoir des boutures avec autant d'yeux et aussi fortes que celles auxquelles nous sommes habitués ; elles seront pour la plupart minces et long-jointées, mais pousseront quand même. Je ne sais comment sont les troncs de ces vignes du Missouri, mais aucune plainte ne me parvient de France, et je crois volontiers que, favorisées par notre sol et notre climat, elles s'amélioreront comme l'ont fait les riessling, gutedel et autres. »

Cette citation est longue ; mais j'ai cru que la naïve profession de foi d'un Californien avait sa valeur et apportait une pierre utile à l'édifice. Ajoutons en passant que Julius Dresel renoncera aux boutures greffées le jour où il cessera de les faire lui-même ; il fera alors greffer des enracinés, les remettra d'abord en pépinière et seulement l'année suivante en place.

Arrivons enfin à l'étude des principales variétés de vignes indigènes et à leur classement dans les différents états de l'Union. Je dis principales variétés, et ce mot est encore trop large d'acception, vu le nombre restreint de celles que nous allons passer en revue. Le catalogue de Bush, donnait, en 1876, trois cent quatre-vingt-quatre variétés ; depuis il en a surgi beaucoup d'autres. Nous ne parlerons ici que des variétés les plus connues, ayant une histoire utile à l'intelligence de la présente étude ou des qualités particulièrement utiles, c'est-à-dire une résistance à toute épreuve ou une fertilité tellement exceptionnelle qu'elle fasse accepter quelques doutes au sujet de la résistance, ou enfin une fertilité et une qualité acceptables comme culture directe.

En 1856, Charles Reemelin, d'Ohio, écrivait (1) :

« Dans ce pays, il n'y a encore que deux vignes à vin qui aient conquis une réputation durable : l'isabelle et le catawba. Aucun raisin étranger n'a encore été adopté par nous, ou plutôt aucun d'entre eux *ne nous a adoptés*.

» A trois reprises différentes, j'ai emporté des vignes de ma patrie (2), une fois même, en 1842, des pépins. En 1850, je transportai moi-même, à grand'peine et à grands frais, une collection de petits arbres à fruits et de plants de vigne pesant environ cinquante livres. Je les transportai moi-même de bateau en bateau, de diligence en diligence ; je les trempai dans le Neckar, le Rhin, le Weser, le Delaware, le Cumberland, l'Ohio, sans omettre l'eau de mer distillée sur les bateaux, mais tout cela en vain pour les vignes ; mes poiriers, abricotiers, pruniers, cerisiers, framboisiers ont tous réussi, mais les vignes (et les groseilliers à maquereaux) ne purent être naturalisées ! Elles végétèrent, mais seulement pour un temps... » Mon auteur ajoute avec bravoure, avec héroïsme même : « Je ne me découragerai pas et j'essaierai de nouveau dès que l'Europe aura une bonne année de vin garantissant au bois et aux pépins une maturation complète. »

Ce naïf et utile serviteur de la bonne cause conseille en attendant de planter de bonnes et saines boutures de catawba, *qu'il soit indigène ou importé*, puis de continuer à essayer des variétés étrangères, soit qu'elles proviennent de l'ancien monde, soit qu'elles poussent sauvages dans les terrains vierges de l'Ouest. Il ajoute que l'isabelle est bon dans sa zone, mais que, dans

(1) *The Wine dressers Manual* ; New-York, 1856.
(2) Allemagne.

l'Ouest, le catawba lui est préférable. Cette phrase m'amène à citer un passage d'Husmann, daté de 1866 (1) :

« Le plus tôt nous abandonnerons l'idée qu'une espèce de vigne doive être *la vigne* de notre immense pays, et que nous essaierons d'adapter la variété à la localité, le plus tôt nous réussirons ; il est absurde et indigne d'une nation intelligente de penser qu'une variété unique puisse vivre également bien ou également mal dans des sols et des climats aussi variés que ceux de notre grand pays. »

En effet, il n'existe pas de plant universel ; aussi, par la force des choses, par une création incessante de nouvelles variétés et une élimination dont le sol et le climat se sont chargés, les variétés sont adaptées et classées selon leur nature dans les différents centres de production.

Reprenons d'abord (2), pour mémoire, le schuylkil ou cape des Suisses de Vevay ; ce cépage, devenu monument historique, n'est plus une actualité commerciale depuis que le catawba et l'isabelle l'ont remplacé avec avantage.

Prince (3) reçut, en 1816, le premier plant d'isabelle de la Caroline du Sud, le planta à Brooklin-New-York dans le jardin de Mme Isabelle Gibbs et le répandit sous le nom d'isabelle. Cette origine est probablement la vraie ; mais on lui assigne parfois une provenance européenne qui n'expliquerait pas le goût bizarre que l'isabelle partage avec les labruscas indigènes.

(1) *The Cultivation of the native grape and manufacture of American wines* ; New-York, 1866.

(2) Catalogue de Bush.

(3) Elliot, *Western fruit growers Guide* ; New-York, 1867.

Le premier vin d'isabelle fut fait chez Tugger (1), en 1840, à Hermann, et en 1859, Ainsworth, à Rochester, cite des vignobles rapportant de 1,000 à 1.500 dollars à l'acre, et Rush (East Bloomfield), cite un tiers d'acre sur lequel cent souches produisireot 4,000 livres de raisin.

Ceci paraît invraisemblable, et le serait tout à fait à mes yeux, si je n'avais vu à Saint-Benezet un labrusca de quatre ans porter cent quinze grosses grappes tellement empilées, qu'on croyait voir un tas de raisins recouvert de rares pampres, plutôt qu'uue souche portant des raisins.

L'isabelle est mauvais comme vin et donne un beau, mais mauvais raisin de table ; il perd ses feuilles en août dans beaucoup de localités. Pourtant, en 1879 (2), Chorlton donne l'isabelle et le catawba comme des variétés supérieures. Il ajoute que ce sont des semis naturels, l'un de labrusca, l'autre de labrusca hybridé de vulpina. Je crois comme Husmann que ces variétés reculeront jusqu'à disparaître devant les estivalis, car, d'une part, le goût foxé que les Américains acceptent, faute de mieux, leur apparaîtra un jour dans toute son horreur, comparé au goût franc des estivalis, tandis que ceux-ci feront leur chemin aux Etats-Unis comme en Europe. D'autre part, le labrusca ne résiste au phylloxéra que dans des circonstances exceptionnellement favorables.

Le phylloxéra est certainement indigène (3) dans l'Amérique du Nord, mais l'extension des vignobles en favorise la multiplication ; là où des vignes à raisin de

(1) Husmann, *Culture of the native grape* ; New-York, 1866.

(2) Chorlton, *Grape growers Guide* ; New-York, 1879.

(3) Lettre de M. Riley, du 12 février 1881, à M. Morlot, Fayl-Billot (Haute-Marne.)

table de peu d'étendue se défendaient par la solitude, si j'ose m'exprimer ainsi, de grandes étendues de vigne se font dévorer par voisinage et par infection, l'effet aggravant la cause.

Reprenons la biographie du catawba, qui a bien son intérêt, puisqu'en 1880 il figure en grosses lettres sur les annonces des négociants en vins et dans les plantations de Kelley-Island.

De plus, il est lié à une phase intéressante de l'histoire de la vigne (1).

En 1848, Longworth caressa un rêve qui fit naître chez lui une idée fixe : il voulut fransporter le Rhin allemand sur les bords de l'Ohio.

A cet effet, il distribua 122 acres 1/2 de terre qu'il possédait le long de ce fleuve entre vingt-sept colons allemands, à charge de les planter et de les cultiver à mi-fruits en catawba.

Disons en passant que le catawba, vulgarisé par le major Adlum, avait été trouvé par le Dr Salomon Beach, dans la Nouvelle-Caroline, au bord de la rivière Catawba. Ce plant est accessible à toutes les avaries, mais l'excellence au point de vue *américain* de son vin, de belles récoltes, quoique intermittentes, lui ont conservé son rang jusqu'ici. De 1859 à 1865, 4.200 souches ont donné en :

	GALLONS	DOLLARS
1859	1.200	360
1860	1.300	405
1861	150	37 50
1862	20	10
1863	150	75
1864	150	75
1865	500	250

(1) Husmann.

1868 et 1874 ont été de très belles années et, en 1857, 4,000 souches avaient donné 2,000 gallons, vendus 600 dollars. La moyenne de 17 ans donne 250 dollars,

Le catawba, transporté de Cincinnati à Herrman, donna en 1848 une si belle récolte qu'il causa de grandes déceptions à ceux qui en plantèrent partout, et sans égard au terrain ni au climat

Sitôt l'œuvre de Longworth entreprise, elle prit l'allure d'une réalité heureuse, car en 1860 il y avait déjà 1,200 acres de plantations constatées par un comité officiel, et en 1866 ce nombre dépassait 2,000.

Le catawba est sensible au phylloxéra. Quand il souffre du *mildew*, sa vitalité est diminuée ; il fléchit devant l'ennemi, mais il lutte tellement longtemps que des circonstances favorables le retrouvent assez vivant pour se relever. C'est ainsi qu'il a fléchi dans la période comprise entre 1857 et 1868, et que 1868 et 1874 l'ont vu produire remarquablement et se relever. Je cueille dans une lettre de M. Adelison Kelley (1), daté de décembre 1880, les intéressants renseignements que voici : le catawba n'a jamais de *mildew* sur la face inférieure de ses feuilles, sans avoir le phylloxéra aux racines, et le *rot* ne l'atteint qu'autant que le *mildew* l'y prédispose. Son vin est si apprécié que le commerce ne peut s'en passer, soit pur, soit mélangé à d'autres variétés. Avant 1848 (2), il n'existait sur l'île de Kelley qu'un seul plant de catawba, et en 1863 on y récoltait 11,500 livres de raisins.

Le delaware fut vulgarisé par Thompson, de Delaware (3) ; il le tenait de Jacob Moffard, de New-Jersey,

(1) Propriétaire à Kelley-Island, lac Erie.

(2) Carpenter (Kelley-Island), lettre à M. Morlot, juin 1880.

(3) Fuller, *Grape Culturist* ; New-York, 1867.

et celui-ci de M. Paul Prévost, Français établi depuis 1800 à Kingswood-Township-Hunterdon (New-Jersey). On a dit que Prévost l'avait reçu d'Italie, mais rien ne le prouve.

En 1866, Husmann affirmait que le delaware supplanterait le catawba et l'isabelle. Il se trompait pour le catawba, quoique le delaware se montre supérieur là où il se plaît. Sujet au *leaf-blight*, — chute de feuille prématurée, — il en est très affaibli dans certains pays. A Herrmann, il demande un terrain léger, chaud, sablonneux, et prospère dans le Missouri et l'Arkansas ; quoique très sensible au phylloxéra, il produit quand même dans les milieux qui lui conviennent. Le delaware ne gardera pas plus que l'isabelle sa place au soleil dans un pays qui marche si vite ; aussi occupons-nous des vignes de l'avenir (1).

Bush dit que le norton's-virginia est indigène et sauvage. Il fut trouvé en 1827 par le docteur Norton, de Richmond, et en 1845-1846 apparut à Hermann (2), ce plant de modeste tournure ; il y arriva de deux côtés à la fois, de Cincinnatti et de Virginie. Avec ses petits grains et ses bourgeons rouillés, il faisait piètre mine à côté du catawba et de l'isabelle ; il ne reprenait pas de bouture ; malgré ces défauts, quelques persévérants, le multipliant de marcottes, de greffes, faisaient d'excellent vin, lorsque ce nouveau plant reçut un coup qui eût été celui de la mort pour un cépage ordinaire : Longworth, ce père et pontife de la viticulture, le déclara sans valeur (*worthless*). La majorité s'inclina devant ce jugement prématuré, mais une minorité plus juste, surtout plus at-

(1) Catalogue de Bush, 1876.

[2] Husmann, *Grappes and Wine*, page 21.

tentive, se groupa autour du vaincu. Inscrivons au livre d'or de la viticulture les noms de MM. Rommel, Pœschel, Langendorpher, Grein et Husmann. Quand le vin de Norton fut mieux apprécié, ce cépage, méconnu d'abord, fit fureur, et, en 1866, la production de plants ne put suffire à la demande. Une terre forte lui est favorable ; il réussit mieux dans le Missouri que dans l'Ohio.

Ce fut M. J. Soulard, de Gallena (Illinois), qui envoya à M. Husmann les premiers greffons de concord, qu'il greffa sur des catawba ; il n'obtint qu'une seule reprise ; mais en neuf ans, quelque faible que fût ce commencement, on voyait les concords couvrir des milliers d'acres. Husmann accuse, en 1861, un profit de 10.000 dollars en fruits, vins, bouture, plants produits de 13 acres 33. Il considère 1,000 gallons à l'acre comme une récolte moyenne ; chez lui elle s'élève à 2,500 gallons. Ce cépage est justement nommé le *grape for the million* là où il réussit, et mérite d'être maintenu, quoique son origine labrusca rende sa résistance douteuse. Dans l'Est, on se plaint de sa qualité, mais la saison est trop courte pour laisser le fruit mûrir suffisamment sur la souche ; il réussit, au contraire, partout autour de New-York, Herrmann, et prospère là où le catawba et l'isabelle périssent.

Le rôle du *taylor* (propagé par le juge Taylor, de Jericho (Kentucky) est assez nul en Amérique ; sa fertilité est contestée et contestable ; il est difficile qu'une fleur aussi incomplète et irrégulièrement partagée du côté des étamines produise une grappe serrée et à grains réguliers. Plusieurs auteurs affirment qu'avec une taille longue et un vigoureux pincement en vert, on arrive à une production normale ; d'autres, également sérieux, affirment le contraire. On doit conclure de ces opinions contradictoires, ou que le sol a une influence extraordinaire sur ce cépage, ou que l'on s'est adressé à des variétés ou sous-variétés différentes. Le taylor a son utilité comme porte-greffe, et ses semis ont déjà produit des variétés qui lui sont très supérieures au point de vue de la fructifiation. Le *black-pearl* entr'autres s'annonce remarquablement; l'*elvira* a déjà fait ses preuves comme raisin blanc... et bien d'autres encore trop longs à énumérer.

L'*herbemont* est certainement le pivot autour duquel les variétés résistantes gravitent. Nicolas Herbemont multiplia une vieille vigne, connue depuis 1798, qu'il avait remarquée chez le juge Huger, à Colombia (Sud-Caroline) et qu'il considérait justement comme indigène... Plus tard, en 1834, des gens mal informés ébranlaient sa foi en lui affirmant que la vigne originelle venait de France. Mais tout tend à détruire cette assertion; la difficulté de reprise des boutures, la résistance absolue au phylloxéra et enfin la découverte, dans le comté de Warren, de vignes sauvages absolument semblables à la vigne du juge Huger.

Husmann dit que l'herbemont supplantera le catawba et l'isabelle, que ce raisin est délicieux et qu'il sera le *leading vine* du Sud sitôt que l'abolition de l'esclavage aura permis à la viticulture de prendre son véritable essor, il ajoute : « Si vous avez une chaude exposition au sud, avec sous-sol légèrement calcaire, plantez l'herbemont, vous ne serez pas désappointé (1). » L'herbemont demande une longue saison pour mûrir et atteindre sa perfection ; il gèle au-dessus de sa limite naturelle, Herrmann. Les semis d'herbemont ont pro-

(1) Husmann, *Grapes and Wine*, page 49.

duit la plupart des bonnes variétés résistantes, et c'est certainement dans le groupe d'estivalis du Sud, *dont il est le chef*, qu'il faut chercher un pendant au norton, le meilleur et le plus confirmé des estivalis du *northern group*. Le *hartford prolific*, créé par Steele à Hartford (Connecticut) en 1850, est surtout remarquable par sa précocité et sa prodigieuse fertilité. Il alimente presque seul et à bas prix le marché de New-York en primeur, son goût est affreux, son apparence magnifique ; son défaut semble être de perdre ses fruits dans certaines localités.

Le *scuppernong* (*vitis vulpina* ou *rotundifolia*) a une valeur en Amérique (1), mais il est aussi recommandé par les uns que déprécié par les autres. Ses grains sont isolés, l'ensemble de sa constitution oblige à en faire une classe à part. Il ne prospère ni au Nord, ni au Texas, mais semble se plaire particulièrement dans la Caroline du Sud, la Floride, la Georgie, l'Alabama, le Mississipi et dans certaines parties de la Virginie, de la Caroline du Nord, du Tennessee et de l'Arkansas. Le principal mérite du scuppernong serait d'être exempt de phylloxéra sur ses racines, d'avoir très exceptionnellement la forme gallicole sur ses feuilles. Jusqu'ici il donne de mauvais résultats comme porte-greffe, et son vin, quoique prôné en Amérique, n'a pas de grandes qualités ; cependant il ne faut pas abandonner l'idée d'en tirer parti un jour.

Finissons cette longue étude par de la statistique. Empruntons à Husman les renseignements réunis en 1866 sur les frais et rendements moyens des différentes espèces ; à Mac-Minn, la distribution géographique des principaux cépages américains, et au *Grape and Wine Grower*

(1) Bush, *Catalogue*, 1876.

de 1881 le tableau des vins actuellement sur le marché de New-York, avec leurs provenances.

PRIX DE REVIENT D'UN ACRE (1) DE CONCORD EN 1866

700 plants, première qualité d'un an, plantés à 6 × 10, à 12 dollars le 100			84 dollars.
FRAIS GÉNÉRAUX	Préparation du sol, labour, défoncement	50 dollars.	
	450 pieux à 15 pieds de distance, 10 cents pièce	45 »	
	450 pieux intermédiaires (échalas) à 3 cents	13 doll. 50	254 doll. 50
	600 livres fil de fer n° 12 à 16 cents le 100	96 »	
	Pose du treillage	50 »	
Travail, soins, première année			50 »
Intérêts du capital			20 »
			408 doll. 50

Soit 5.349 fr. 50 par hectare.

L'année suivante, cette vigne devra payer tous ses frais par marcottage, etc.

PRIX DE REVIENT D'UN ACRE D'HERBEMONT.

700 plants, 1re qualité, 6 × 10, à 25 dollars le 100	175 dollars.
Frais généraux	254 50
Soins, 2 ans	125 »
Intérêt du capital, 2 ans	66 »
	600 doll. 50

Soit 8.611 fr. par hectare.

(1) L'acre vaut 0 hectare 40 ares 47 centiares ; le pied 0m,305 ; le dollar 5 fr. 25; le cent, 5 centimes.

PRIX DE REVIENT D'UN ACRE DE NORTON.

850 plants, 1re classe, 6 × 8, à 25 dollars le 100....	212 doll. 50
Frais généraux..........................	254 » 50
Soins, 2 ans..............................	125 »
Intérêt, 2 ans, 6 pour 100................	70 »
	602 doll. »

Soit 8.611 fr. par hectare.

« Prix de revient de la plantation d'une vigne de 2 acres 1|2 (à peu près un hectare), plantée en 1861 par moi-même (1), contenant environ 3,000 souches, plantées trop tard, avec beaucoup de remplacement en 1862.

PLANTS.

1.700	norton's virginia, 20 doll.	le 100.	340	dollars.	1.785 fr.
400	concords (petits) 25 »	le 100.	100	»	525
350	delawares 50 »	le 100.	175	»	978
150	herbemonts 25 »	le 100.	37	50	197
50	cunninghams 50 »	le 100.	25	»	131
Divers assortis..................			100	»	525
			777	doll. 50	4.081 fr.
Produit des 4 premières années en boutures, marcottes, raisins.....			8.848	doll. 50	46.454 fr. 60

PRODUIT, CINQUIÈME ANNÉE.

1.030 g. de vin	concord	2 d. 50.	2.575	doll.	13.518 fr.	75
1.300 »	norton's virginia	4 doll.	5.200	»	27.300	
125 »	herbemont	3 doll.	375	»	1.968	75
30 »	cunningham	4 doll.	120	»	630	
40 »	delaware	6 doll.	240	»	1.260	
10 »	clinton	3 doll.	30	»	157	50
50 »	divers	3 doll.	150	»	787	50
336 »	hartford prolific et rais.		67	20	352	80
57.000 plants ou boutures à 100 dollars par mille en moyenne..........			5.700	»	29.925	
			14.457	d. 20	75.900 fr.	30

(1) Husmann.

Le produit des 5 premières années étant de 23,505,80, ci..........		23,305 doll. 80	122,354 fr. »
Le total de la dépense étant :			
Achats de plants.......	777 50		
Treillage...............	499 50		
Intérêt 5 ans à 5 p. 100..	500		
Main-d'œuvre 1re année.	150		
— 2e année	300		
— 3e année	400		
— 4e année	500		
— 5e année	500		
Total.......	3.627 »	3.627	19.041 70.
laisse un produit net de.........		19.678 doll. 80	103.312 30

« La quatrième année, la vigne avait gelé au-dessous de la ligne de neige. Je fis, en dehors des raisins, vendus 1,500 dollars, du vin qui fut bu par les rebelles cette année et conséquemment perdu. Cette année, à peine si 2,200 souches (2 acres) étaient à fruit. Si mes lecteurs veulent comparer ce rendement avec celui de la vigne de catawba, ils verront la différence de produits entre des variétés appropriées au climat et au sol et celles qui ne le sont pas.

« La dernière saison, défavorable au catawba, produisit une énorme quantité de concord et de norton's virginia, et ne peut pas être prise comme moyenne. Je crois que l'on pourrait considérer comme telle les quantités suivantes : 700 gallons pour le norton's virginia, soit 66 hect. à l'hectare, et 1,200 pour le concord, soit 113 hect. à l'hectare,

VIGNE DE M. MICHAEL POESCHEL, PLANTÉE EN 1861-1863
(RÉCOLTE PARTIELLE).

2 acres. 500 gallons de vin de norton's virginia.	1.500	dollars.
1 1/2 acre raisins de concord................	400	»
Plants et marcottes..........................	2.000	»
	3.900	dollars.

1864. DEUXIÈME RÉCOLTE. VIGNES GRAVEMENT GELÉES.

2 acres norton's virginia, 600 g. de vin à 4 doll. 50	2.700	dollars.
2 acres 1/2 catawba, 400 g. à 2 doll. 15......	850	»
1/2 acre concord, raisins vendus...............	400	»
Plants vendus..............................	1.500	»
	5.450	dollars.

1865. — TROISIÈME RÉCOLTE.

2 acres 3/4 norton's virginia,	2.000 g. de vin	à 4 doll.	8.000		dollars.
2 » 1/2 catawba,	450	— à 1 75.	787	50	
1 acre 1/4 concord,	1.000	— à 2 50.	2.500	»	
1/2 » herbemont,	400	— à 3 ...	1.200	»	
1/2 » rulander,	50	— à 5 ...	250	»	
Plants vendus..............................			1.500	»	
			14.237 doll.	50	

Ces vignes sont défoncées au prix de 120 dollars l'acre, et la plupart sont plantées à 5 × 5, évidemment trop près. Elles sont palissées et bien cultivées.

VIGNE DE WILLIAM POESCHEL. — 1865.

2 acres 1/2 catawba, 900 gallons de vin à 1 doll. 75	1.575	»
2 acres 1/2 concord, 700 gallons à 2 doll. 50.....	1.750	»
1 acre norton's virginia, 600 gallons à 4 doll......	2.400	»
1 acre 1/2 delaware, 120 gallons, à 5 doll........	600	»
1 acre 1/2 herbemont, 350 gallons, à 2 doll. 50...	875	»
Divers.....................................	150	»
Plants vendus..............................	940	»
	8.290	dollars.

Cette vigne est une des mieux situées pour le catawba et le delaware, et son propriétaire un des hommes les plus intelligents et industrieux du pays.

Le colonel Waring, Indian Hill (Missouri) a une petite vigne de 2 acres en rapport en *ives seedling*, plant peu affecté par le *mildew* et le *rot*.

Ce vignoble a produit, en 1865, 650 gallons de vin à 4 doll. 10	2.665 dollars.
Vente de plants	1.500 »
	4.165 dollars.

Frais, 100 dollars ; reste net, 4.065 dollars.

La vigne de norton's virginia, de MM. Bogen, a donné, en 1863, pour un acre 1[2 :

1 récolte, 500 gallons à 3 dollars	1.500 dollars.
Vente de boutures	400 »
Vente de marcottes	890 »
	2.700 »
Frais	100 »
Produit net	2.600 »
Soit, 1.733 dollars à l'acre.	
1864, produit net	2.300 dollars.
Soit, 1.533 dollars à l'acre.	

Finissons cette longue statistique par une traduction des conclusions de l'auteur (1).

« Ce qui suit est un résumé sommaire de la dernière récolte autour d'Hermann (1865) ; il n'est peut-être pas absolument exact, mais il l'est autant que possible. Il y a environ 1,000 acres de plantés, dont 400 en production. Malheureusement, toutes les vieilles vignes sont plantées en catawba, dont le produit a été presque nul

(1) Husmann.

cette année, la récolte n'ayant pas atteint 75 gallons à l'acre. Les dernières plantations sont en concord et en norton's virginia, et la moyenne de leur produit a dû être de 600 gallons à l'acre pour le norton et de 1,000 gallons pour le concord. L'herbemont a dû donner environ 800 gallons à l'acre.

Raisins vendus, environ 20.000 livres, prix moyen 0 doll. 15	3.000	doll.
Vin de catawba, 25.000 gall., prix moyen, 1 d. 50	37.500	
Vin de norton's virginia, 10,000 gallons, prix moyen, 4 dollars	40.000	»
Vin de concord, environ 5.000 gallons, prix moyen, 2 doll. 50	12.500	»
Vin d'herbemont, 1,500 gall., prix moyen 2 doll. 50	4.500	»
Vin divers, 1,000 gallons, prix moyen, 3 dollars	3.000	»
Plants racinés, boutures vendues	50.000	»
	150.000	doll.

Tous ces chiffres ayant été cotés très bas, on peut estimer la valeur réelle de la récolte de 1865 à 200,000 dollars.

Indiquons maintenant la distribution des différentes variétés que nous avons énumérées ou étudiées entre les différents états de l'Union. Cette distribution, — résultat dû à l'expérience des hommes et aux éliminations successives faites par la nature, — est remplie d'enseignements pour l'acclimation de ces vignes indigènes en Europe et peut, par analogie, servir à classer presque toutes les variétés non désignées dans ce tableau.

MASSACHUSETTS.

Delaware, Rebecca, Concord, Diann, Hartford prolific.

NEW-YORK.

Clinton, Norton's Virginia, Delaware, Herbemont (douteux), Canby's August (York Madeyra), Diana.

PENNSYLVANIE.

Clara, Wright's Isabella, Diana, Catawba, Cassiday, Concord.

OHIO.

Catawba, Diana, Clinton, Concord, Delaware, Shaker.

VIRGINIE.

Isabella, Catawba, Warren (Herbemont), Pauline, Bland's Virginia, Lenoir.

GEORGIE.

Isabella, Catawba, Scuppernong, Missouri, Lenoir, Warren (Herbemont).

MISSOURI.

Little Ozark, Ozark Seedling, Waterloo, Scuppernong, Missouri, Warren.

Je joins à cette distribution de cépages la provenance des vins indigènes annoncée par James M. Bell et Cie, à New-York, telle que l'indiquent ses annonces faites dans l'*American Wine and Grape Grower*.

California wine. — Port, sherry, claret, hock, angelica, riessling, zinfandel, etc.

California brandy.

Ohio wines. — Catawba, ives, clinton, delaware, etc.

New-York wines. — Catawba, concord, iowa, clinton, etc.

Missouri wines. — Herbemont, cynthiana, norton, delaware.

North-Caroline wines. — Scuppernong, alvey, concord, norton's virginia.

Les conclusions de notre premier travail étaient que la vigne américaine, même avec la durée et les qualités que nous lui connaissons, pouvait sans danger être cultivée en France et devait donner un revenu supérieur à celui que nous sommes en droit d'attendre d'autres cultures.

Les conclusions de l'étude que nous terminons aujourd'hui sont que la vigne américaine, en Amérique, offre des garanties de durée, de fertilité et de qualités plus grandes que celles que nous lui attribuons en France, et que la Californie et l'Amérique entrent plus résolûment que nous dans la voie que la France elle-même leur a tracée, en repoussant les insecticides et en adoptant le plant américain comme porte-greffe et plant direct.

J'espère que le résultat de mon prochain travail sera de montrer l'inopportunité des traitements chimiques en dehors des grands crus et d'affirmer l'urgence des plantations américaines. Ma confiance dans les idées que je viens défendre ici, dans les procédés que je recommande est absolue. Je crois avoir le droit de dire qu'elle est fondée sur une expérience déjà longue et sur des résultats certains. Je fraie hardiment la route, convaincue que Saint-Bénézet, dont j'ai fait le poste avancé de la fortune dans un pays ruiné, sera bientôt le centre de nos vignobles reconstitués.

LA

VIGNE AMÉRICAINE

EN FRANCE

EXTRAIT DE LA *REVUE DES DEUX-MONDES*

LIVRAISON DU 15 JUIN 1881.

LA VIGNE AMÉRICAINE EN FRANCE

En 1788, la France possédait 1,046,000 hectares de vignes. En 1829, ce chiffre s'était accru de 844,000, pour être arrêté en 1868 à 2,500,000 par l'invasion du phylloxéra, ruinant quinze cent mille familles vigneronnes, sans parler de deux millions de commerçants et d'industriels dont le travail se rattachait aux produits de la vigne. Les traditions les plus étranges, les théories les plus fausses, n'empêchaient pas la vigne de produire à elle seule le quart du revenu total agricole de la France, sans occuper plus d'un seizième de sa plus pauvre surface cultivable.

Au moment du désastre, la lumière se faisait; quelques-uns commençaient à comprendre le retard que la plantation profonde apportait à la fructification, et, sans l'exprimer aussi élégamment que Virgile, disaient avec lui que la réduction imposée à la souche par une taille trop courte entraînait nécessairement la réduction du système radiculaire, et cela au détriment de la fertilité et de la longévité :

. . . . Quantum vertice in auras
Æthereas, tantum radice in Tartara tendit.

Je vais essayer de raconter aujourd'hui ce que nous autres de la langue d'oc avons appris à faire pour réparer nos malheurs, et si je cite d'autres pays que je ne connais guère, ce ne sera que d'après des autorités plus vigneronnes que littéraires.

La discrétion, la prudence de paroles, sont imposées aux vignerons de la veille par les hardiessss d'appréciation de ceux du lendemain. Ils sont si osés et oublient si volontiers les lois immuables qui règlent la végétation et la vie !... Leur excuse est dans la brusquerie avec laquelle le cataclysme viticole les a mis aux prises avec l'inconnu d'hier. Tantôt ils découvrent ce que nous avons abandonné à bon escient ; tantôt ils annoncent des faits incroyables et désastreux qui semblent empruntés à la mythologie tant ils révoltent les lois physiologiques. Ces naïvetés seraient excusables si elles ne jetaient le désarroi parmi les conscrits viticoles, timides et prudents quand on leur parle de rebâtir la forteresse, confiants, outrecuidants, sur le rempart démantelé qui défend pour une heure encore la vigne condamnée. Je ne prétends certes pas abattre pour reconstruire, ni arracher pour replanter, mais avec ce que nous savons maintenant, nous pouvons sans danger planter à côté de ce qui existe encore. Je vois depuis dix ans que, dans la lutte contre l'imperceptible et insidieux insecte, la défaite termine la défense, tandis que la victoire couronne la revanche.

L'expérience acquise dans le Gard enseigne que, dans un pays nouvellement attaqué, le malheur peut être réparé en deux ans, mais pas une province, pas un canton, ne semble vouloir profiter de l'exemple des premières victimes, comme si chaque point attaqué devait être le dernier, et chaque canton, chaque propriétaire croyait sa vigne abritée par un rempart qui n'est solide que dans son imagination. A mesure que le flot avance, on recule cette limite, et c'est ainsi que les vignobles disparaissent sans autre acte défensif qu'un décret déclarant envahi un département de plus. La convocation d'une commission suit de près, mais elle est généralement composée de gens aussi neufs sur la question qu'ignorants de ce qui s'est fait ailleurs : l'expérience d'autrui est pour eux lettre morte, — tandis qu'il y aurait du temps à gagner en faisant tout de suite ce qui a réussi ailleurs.

Les moyens de défense connus aujourd'hui sont palliatifs ou définitifs, — palliatifs pour prolonger l'existence de ce qui végète encore, définitifs pour constituer des vignobles résistants aux atteintes du phylloxéra. Le premier, le plus durable des palliatifs, c'est la submersion ; le second, encore à l'état expérimental, est l'emploi des insecticides *partout où le revenu de la vigne peut suffire à ce surcroit de dépense.* Les moyens définitifs sont : 1° la greffe, pour transformer des vignes françaises en vignes américaines résistantes ; 2° la plantation de vignes françaises greffées sur racines américaines résistantes ; 3° la plantation de vignes françaises dans le sable. Au point de vue économique, le meilleur de ces moyens est la transformation par la greffe, c'est aussi celui dont les résultats sont les plus prompts, car le sacrifice d'une année de vendange suffit pour assurer la résistance de la vigne transformée, et cela en lui conservant la fertilité due à son âge au profit de greffon américains. Le seul inconvénient sérieux, c'est la présence de la vigne française et le danger que ses vieilles racines phylloxérées constituent pour la jeune vigne indemne. Mais les avantages sont si grands qu'ils contrebalancent cet inconvénient, déjà très atténué si le greffon est d'espèce très résistante. L'estivalis dominera cette situation, à laquelle succomberait infailliblement le labrusca. La racine française nourrit le greffon avant de mourir, et cela assez longtemps pour qu'il s'affranchisse et se crée des racines résistantes.

Le second moyen définitif est la plantation de vignes américaines à produit direct, ou de porte-greffes greffés en espèces françaises. La vigne greffée a pour avantage une fertilité toute française connue d'avance ; le produit direct celui d'une rentrée dans la culture normale. On peut arriver de cette façon à une récolte dès la deuxième ou la quatrième année de mise en place, selon qu'on aura planté d'abord en pépinière ou à demeure.

Enfin, la plantation dans le sable a une durée plus problématique, mais pour les heureux qui peuvent la pratiquer, c'est une source de fortune considérable.

J'avais, en 1872, 400 hectares de vignes prospère, la présence d'une petite tache phylloxérique les condamnait à mort malgré leur belle apparence.

Les vignes de coteau dataient de 1802 et produisaient un vin excellent ; d'autres, en plaine, âgées de trente à quarante ans, produisaient une abondance de gros vins noirs, et enfin une excellente terre à blé de 15 hectares et demi avait été plantée, en 1868, en aramons et en carignanes, à l'exemple des nouvelles plantations de l'Hérault. Cette terre n'avait jamais porté de vigne : les gens du Gard, suivant par habitude les lois et usages de Louis XIV interdisant de cultiver la vigne dans les terres à blé, furent plus étonnés de voir des aramons et des carignanes dans cette terre de qualité légendaire qu'ils ne le furent depuis de la voir transformée en jacquez. Je dois ajouter que lorsqu'ils virent, en 1872, sortir 50 hectolitres à l'hectare d'une vigne de quatre ans et 150 hectolitres en 1875, leur enthousiasme fut tel qu'il n'est pas éteint encore, et quelques naïfs ont planté cette année des aramons pour le phylloxéra. J'insiste sur ce que cette terre portait de la vigne pour la première fois ; c'est un fait utile à noter pour ceux qui attribuent le phylloxéra à l'usure de la terre par une même culture arbustive, car c'est au centre de cette vigne que le phylloxéra a paru pour la première fois à Saint-Bénézet ; et, au contraire, les vignes de 1802 en terre usée ont péri les dernières. Le point d'attaque du clos d'aramons était caractérisé par un centre mort, une zone souffreteuse, entourée elle-même d'un cercle jaunissant et dont les sarments raccourcis se dressaient en épée au lieu de s'allonger en arceaux, cette dernière zone se confondant insensiblement avec la luxuriante végétation du restant de la vigne, 20 morts, 100 malades, 300 souffreteux, 35,000 belles souches, voilà le bilan du clos d'aramons de 1872.

Les souches mortes furent remplacées en 1873 par des clintons, que la Société d'agriculture du Gard distribuait alors pour la première fois. Ces clintons, toujours chétifs, sont actuellement dépassés par les taylors, jacquez et herbemonts plantés en 1876 et 1878, qui les entourent. Quelques survivants de cette tache furent traités trop vigoureusement en juin 1872 par un composé de sulfure de carbone fourni par M. Fichet. Le lendemain, ces souches étaient mortes, moins une, qui, mourante du phylloxéra, brûlée, mais débarrassée de l'ennemi par l'insecticide, a survécu quelques années et a produit deux grappes avant de mourir. Un nouvel essai fait en juillet, donna en apparence de si bons résultats que le traitement fut appliqué en grand en 1872 et 1873 : 1° sur une vigne peu malade, sol moyen ; 2° sur une vigoureuse vigne de coteau âgée de dix ans, et enfin, 3° dans le clos d'aramons. Le résultat sembla bon partout, mais ne fut pas durable. En mars et avril 1874, M. Fichet me fournit un nouvel insecticide ne contenant pas de sulfure de carbone. Ce produit fut employé largement en 1874 dans le clos d'aramons ,dont le revenu était très considérable. La dépense fut calculée dans les autres clos de manière à ne pas excéder le revenu probable. L'inverse eût réussi, car en terre pauvre et poreuse, les traitements doivent être plus fréquents et plus complets que dans les sols riches qui facilitent la dispersion sans favoriser l'évaporation de l'insecticide. En 1875, je concentrai mes efforts sur le clos d'aramons et abandonnai les deux autres clos à leur malheureux sort. Ces essais de traitement par l'insecticide m'ont coûté 15,000 fr., sans compter la main-d'œuvre ; ils ont été heureux dans ce sens que la mortalité s'est bornée aux vingt souches mortes en 1872, — que la production s'est accrue avec l'âge dans une proportion presque normale, — mais surtout en ce que cette prolongation d'existence m'a donné le temps de transformer ce clos en jacquez, et en herbemont, lorsque j'ai pu voir assez clairement que le traitement prolongeait une existence dont il ne pouvait assurer la durée définitive. En effet, pour conserver la vigne, il eût fallu trois et quatre traitements par an , qui non-seulement auraient absorbé les revenus, mais, par la main-d'œuvre additionnelle , auraient compliqué l'ensemble de mon exploitation. Une application fréquente d'insecticide, très praticable quand il s'agit de petits vignobles précieux, est incompatible avec la grande culture ; l'emploi d'un toxique ne peut être confié au premier venu sans danger pour l'homme et sans danger pour la vigne. Il faudrait à plusieurs reprises dans l'année déranger les meilleurs ouvriers d'un travail souvent aussi important que le traitement, et ce qu'on gagnerait d'un côté, on le perdrait de l'autre, tandis que la transformation par la greffe donne un résultat durable en coûtant moins d'argent et de dérangement qu'un seul traitement annuel.

J'avais su que M. Fichet, chimiste à Vincennes, détruisait les insectes dans les jardins maraîchers de Saint-Mandé ; j'en parlai à M. Rivière, jardinier en chef du Luxembourg, savant aimable et modeste, resté fièrement jardinier, qui me donnait alors des avis précieux sur la multiplication. Il me raconta que pour se débarrasser des chimistes et de leurs offres de service, il leur demandait systématiquement la destruction du kermès du laurier. M. Fichet ayant réussi à détruire cet insecte, je supposais qu'il aurait raison du phylloxera. M. Dumas eut l'obligeance, en 1875, de déléguer M. Rommier, pour diriger les essais de sulfo-carbonates à Saint-Bénézet : les résultats furent nuls, et la dépense d'eau et d'argent fut supérieure à celle du traitement Fichet.

Je n'ai pas employé le sulfure de carbone de la compagnie de Paris-Lyon-Méditerranée, je suis trop persuadée que la viticulture ne ressuscitera que par la vigne américaine. Une récente et minutieuse enquête prouve que ce traitement n'est abordable que pour les vignes à grand rendement, que son application demande beaucoup de soins, car non-seulement cet insecticide est assez dangereux pour tuer les vignes, mais il a tué des mûriers. Deux expériences faites en 1879 par des employés de la compagnie chez deux propriétaires différents, ont produit ce résultat : les vignes traitées sont mortes bien avant celles qui ne l'avaient pas été. Je choisis cet exemple entre beaucoup d'autres plus favorables à l'insecticide de la compagnie, pour dégager la mort des ceps de toute idée de mauvaise volonté de la part des ouvriers ruraux et pour prouver que certains succès apparents sont dus à ce que les propriétaires emploient plus hardiment le fumier que le sulfure de carbone, tandis que les agents de la compagnie emploient le sulfure de carbone plus vigoureusement que le propriétaire lui-même. Le sulfure de carbone semble stériliser la terre et nuire à la vigne, le fumier répare ces effets fâcheux. Reste à savoir si, dans ce combat entre le sulfure malfaisant et le fumier réparateur, le phylloxéra n'est pas oublié. Ce qui est certain, c'est que le sulfure de carbone peut tuer la vigne que nous voulons guérir et que, si l'on admet l'arsénic prudemment dosé par un médecin, on n'admettra jamais ce toxique dans la médecine usuelle des familles à côté du quinquina. Le sulfure de carbone semble rentrer dans la même catégorie de remèdes dangereux, c'est pour cela que je m'intéresse vivement aux nouvelles expériences d'un produit inoffensif, faites par M. Fichet en ce moment, près de Bergerac.

Il faut aussi tenir compte du terrain dans les succès dus à l'insecticide. Ainsi une souche dont les racines profondes seraient hors de l'atteinte du phylloxéra et dont les racines superficielles seraient traitées, vivrait, mais serait-ce au sol frais où sont les racines profondes qu'elle devrait sa vigueur, ou à l'insecticide ?

Citons quelques chiffres pour indiquer le cas d'inopportunité de l'emploi du sulfure de carbone. Dans le Gard, les vignes de coteaux rapportaient à l'hectare 25 hectolitres de vin, valant 25 francs l'un, soit 625 francs brut à l'hectare. Les frais de cultures étant d'environ 300 francs, reste 325 francs pour intérêt du capital et insecticide. Théoriquement le prix du traitement est de 150 francs par hectare et par an, mais en additionnant les chiffres fournis par les documents officiels pour la matière première, la main d'œuvre et la fumure, je trouve 257 francs pour le traitement d'été et 297 francs pour le traitement d'hiver, soit 554 francs à l'hectare. Il paraît qu'au bout de trois ans le traitement de 150 francs par an serait suffisant, mais la conclusion de l'expérience se trouverait ainsi rejetée après trois années de dépense, dont le total serait supérieur aux frais de plantation d'un vignoble durable et résistant par nature, et il me semble logique de planter une certitude pratique plutôt que d'entretenir chèrement une espérance théorique.

De 1866 à 1875, les plaines de l'Hérault ont donné en moyenne 175 hectolitres à l'hectare, se vendant de 10 à 30 francs l'hectolitre (prix moyen, 10 fr, 22). Avec ce produit de 1,788 fr. 50 à l'hectare, la vigne supporterait la dépense de l'insecticide, même avec l'intérêt du capital élevé représenté par l'hectare. A cette époque, le prix de 10 à 20,000 francs l'hectare n'aurait surpris personne, et même celui de 45,000 francs a été offert et refusé en 1868. Le rendement moyen des petites parcelles était de 325 hectolitres à l'hectare. Le maximun a été, je crois, atteint chez M. Mazel, à Castelnau-de-Guers, où la sétérée a produit 17 muids (1) (soit 476 hectolitres à l'hectare), et cela en 1873, année où le prix a atteint le maximum des dix années relevées, soit 30 francs l'hectolitre. Dans des conditions pareilles, tous les moyens sont bons pour défendre un aussi beau revenu, même les insecticides coûteux; mais ce sont des cas exceptionnels, et, en général, il vaut mieux transformer ou replanter sa vigne

(1) La stérée égale 24 ares 63 centiares, le muds 7 hectolitres.

que de revenir tous les ans à une dépense qu'on peut supprimer par l'un ou l'autre de ces moyens.

Une chose qui peut surprendre le lecteur, mais qui est prouvée, c'est que l'aramon greffé sur riparia produit 25 pour 100 de plus que sur ses propres racines. Il n'en est pas de même si on transforme une vigne française à grand produit en vigne américaine. Le jacquez, greffé sur aramon, baissera comme quantité, mais il donnera plus d'alcool, de couleur, et son prix compensera la perte sur la quantité.

Un mot sur les conditions économiques de cette transformation. Portons en première ligne la perte d'une récolte plus ou moins compromise par le phylloxéra, ensuite le prix d'achat des greffons, variable selon l'espèce ; — la vente des bois produits dès la première année paiera le prix d'achat des greffons et au-del`, — enfin le greffage à 15 fr. le mille pour un nombre de souches variant de 2,500 à 4,000 à l'hectare, soit de 37 fr. 50 à 60 francs à l'hectare. En ce moment le jacquez et l'herbemont sont les espèces les plus connues et les plus confirmées ; le bois de jacquez rapporterait plus que le bois d'herbemont si sa reprise était plus régulière. Ce dernier reprend et s'affranchit facilement ; son vin est moins corsé, mais il se contente de terrains plus pauvres. En somme, l'herbemont est moins apprécié que le jacquez ; pourtant il est moins sujet que lui à l'anthracnose, tendance qui empêche ce dernier de se généraliser en Amérique, mais qui pourtant ne doit pas lui ôter la place qu'il tient en France, car il est facile de combattre cette tendance par un lavage au sulfate de fer et quelques modifications apportées à nos usages de culture.

Il est intéressant de savoir quel produit nous pouvons

attendre du jacquez, — je cite mes auteurs, M. Aurran, à la Décapris, a obtenu, en 1880, sur des souches à leur quatrième feuille, taillées à long bois, 13 kilogrammes de raisin par souche ; les souches taillées court ont donné 4 ou 5 kilogrammes seulement ; le rendement a été d'un peu plus des deux tiers du poids du raisin en vin coloré pesant 12 degrés, estimé 45 francs l'hectolitre. Ceci nous porte à 150 hectolitres environ à l'hectare pour les longs bois et à 50 hectolitres pour la taille courte. M. Laliman estime la production moyenne de 90 à 100 hectolitres à l'hectare, ce qui me semble fort, comparé aux jacquez de M. Aurran, qui sont dans un milieu tout à fait exceptionnel et qui reçoivent une taille, un échalassage et des soins aussi éclairés que méticuleux. Cet exemple ne sera suivi que quand on aura bien compris qu'un hectare bien mené donne plus et coûte moins que deux hectares auxquels on mesure les soins. Enfin le docteur Despetis, homme sage qui sait voir, parle d'une moyenne générale de 40 à 70 hectolitres pour le jacquez.

Les vignes très phylloxérées échappent aussi bien à l'insecticide qu'à la transformation. On parle de trois années pour ramener des vignes malades à l'état fertile par le sulfure de carbone, mais jusqu'ici ce résultat n'a jamais été obtenu, que je sache, tandis qu'avec trois années de patience et moins de frais, une vigne nouvelle peut être plantée, greffée et amenée à sa première vendange.

Les vignes du Bordelais rapportent depuis 650 francs à l'hectare jusqu'à 12,500 ; le plus faible intérêt du capital est de 6 1/4 pour 100 ; le plus fort, de 25 pour 100. Il tombe sous le sens que la dépense de l'insecticide, écrasante sur l'intérêt de 6 1/4, ne pèsera guère sur celui de 25 pour 100. Les frais des sulfo-carbonates ne peuvent être supportés que par des revenus de 10 pour 100 au moins, et encore faut-il pour cela que l'orgueil national se dresse contre la logique des chiffres pour conserver à la France une gloire viticole qui ne survivrait peut-être pas à la transformation américaine.

Passons à la submersion, qui est à essayer partout où elle semble possible. Il ne suffit pas d'avoir de l'eau ; il faut pouvoir en maintenir une couche de 0m,40 à 0m,50 d'épaisseur pendant quarante jours pour achever l'asphyxie du phylloxéra. Si la terre est trop perméable, le niveau de l'eau baissera et elle inondera les voisins ; si la terre est, au contraire, trop forte, elle retiendra l'eau trop longtemps, pourrira les racines, amènera l'anthracnose, qui menace autant les espèces françaises que le jacquez.

A Graveson (Bouches-du-Rhône), M. Faucon, l'intelligent promoteur de la submersion, a obtenu des résultats excellents, une production tombée en 1869 à 35 hectolitres est remontée en 1872 à 849 et en 1875 à 2,480 hectolitres, avec une dépense annuelle de 300 francs à l'hectare. Maintenant on est en droit de se demander si la vigne se soumettra longtemps à cette culture de cressonnière, mais peu importe un avenir inconnu en présence d'une actualité aussi satisfaisante comme revenu. Le vin produit par les vignes submergées est plus faible, mais il est bon et trouve des acheteurs.

Tout sable profond contenant deux tiers de silice défiera le phylloxéra et peut être planté en vignes françaises ; mais la condition *sine qua non* est qu'en s'allongeant, la racine ne rencontre ni sel, ni humus et que l'accumulation des feuilles ou les fumures n'amènent pas la cohésion des particules siliceuses entre elle, car cette modification mécanique du milieu le rendrait habitable pour le phylloxéra.

Comme preuve de ce que j'avance, je citerai une plantation de M. Gros, d'Aigues-Mortes, qu'il avait cru améliorer en déposant à sa surface le curage du canal. Le résultat fut mauvais; les vignes souffrirent jusqu'à ce que leurs racines furent sorties du milieu accessible au phylloxéra. Au Mas-de-Mayo, une vigne dans le sable était déssinée comme une carte de géographie; selon que le sable était plus ou moins profond ou pur, les teintes et les contours figurés par la vigne indiquaient avec précision la profondeur et la composition de chaque partie de l'étendue plantée.

Dans le sable pur, l'insecte est dans la situation d'une souris qui voudrait circuler dans les cailloux cassés d'un mètre de pierres, l'extrême mobilité de ces fragments brisés l'empêcherait de s'y frayer un passage, tandis qu'elle traverserait un mur, protégée par l'adhérence même des pierres entre elles. Si, à la longue, la culture transformait ce sable pur en sable humifère, le phylloxéra reprendrait ses droits, mais l'opération aurait été heureuse quand même, car la transformation d'un sable stérile en terre cultivable constituerait une amélioration du capital. Un grand bien ressortira évidemment de ces plantations dans le sable; la richesse publique en sera notamment accrue. Citons comme exemple l'île de Listel, achetée par M. de Fesquet pour en faire une terre d'agrément et de chasse, et dont le revenu atteindra bientôt un chiffre égal à son prix d'acquisition.

Après avoir rendu justice aux insecticides et aux plantations dans le sable, revenons au but spécial de cette étude, à l'opportunité des plantations américaines et cherchons ce qu'il peut y avoir de sérieux dans les objections qui se jettent au travers de ses progrès en France. Les uns veulent proscrire la vigne américaine parce qu'elle a apporté le phylloxéra, d'autres trouvent le prix de revient de cette plantation inabordable. Je réponds d'abord à cette question de prix, parce que c'est la plus sérieuse et la plus faussement présentée en général. Si nous disons que 800 francs à l'hectare est un prix large pour un travail excellent, que c'est le prix accepté par des fermiers, experts assermentés et autres compétents, pour défoncement, labour, plantation, trois années de culture, fumure (utile ou nuisible), nous serons dans le vrai ; donc :

Plantation, entretien, etc.	800	francs.
Achat de 2500 belles boutures de riparias à 80 francs le mille	200	»
Greffage de 2.500 souches à 15 francs le mille	37	50
Achat de greffons français à 15 francs le mille	37	50
Prix vrai	1.075	francs.

Si nous plantons en enracinés, le calcul est à refaire, selon qu'on a de l'argent pour payer plus cher un revenu plus prochain ou seulement de la patience pour en attendre un lointain, on adoptera l'un ou l'autre de ces systèmes.

Voici le compte présenté par la compagnie de Paris-Lyon-Méditerranée pour la plantation de clinton faite en 1877 au coteau de l'Ermitage par M. Thiolière de l'Isle :

Achat de 12,000 boutures de clinton à 37 fr. le cent	4.200	francs. (1)
Main d'œuvre	140	»
Culture, troisième année	270	»
12,000 greffes à 60 francs le mille	720	»
Intérêt de 3 ans de 4,500 francs	675	»
	6.005	francs.

(1) Impossible de planter plus de 4.000 souches à l'hectare. En 1877, le prix du clinton était de 100 à 120 francs le mille.

COMPTE VRAI POUR 2,500 SOUCHES OU POUR 4,000 SOUCHES.

	2,500 souches		4,000 souches	
Achat de boutures...............	300	francs.	440	francs.
Main-d'œuvre.....................	200	»	200	»
Culture, trois années............	300	»	300	»
Greffes...............................	37	50	60	»
Greffons..............................	37	50	60	»
Intérêts, trois ans...............	129	»	159	»
	1.004	francs.	1.219	francs.

Je finis par une question. Pourquoi M. Thiollière de l'Isle a-t-il choisi de préférence le clinton, sur la tenue duquel il y avait déjà des doutes en 1877, doutes qui deviennent des certitudes sur bien des points ?

Si on avait pu prévoir qu'en important des vignes d'Amérique réfractaires à l'oïdium, on tombait de Charybde en Scylla, si on avait su qu'on échangeait une maladie passagère de la tige contre une attaque mortelle aux racines, on aurait laissé les vignes américaines en Amérique. Maintenant il est trop tard pour discourir sur des faits accomplis. Le phylloxéra est en France, il y restera comme y resteront aussi les rats de Norvège, les cancrelats, comme les lapins, jadis inconnus en Angleterre, y sont maintenant et pour toujours. Les circonstances qui ont fait disparaître le mastodonte, le mamouth, ne peuvent affecter le phylloxéra. Ces grands pachydermes ont disparu parce que des races plus petites et plus fécondes leur disputaient une trop grande place au soleil. La girafe, l'éléphant auront le même ort. Les gros carnassiers seront progressivement refoulés et affamés dans le désert ; mais il n'y a pas d'exemple de la disparition d'un infiniment petit du lieu où la brise et le hasard l'ont porté. On s'étonne de ce que le phylloxéra, rare en Amérique, pullule en France ; mais rappelons-nous que le nombre des petits augmente ou diminue en raison des aliments qu'ils trouvent autour d'eux. Cela est si vrai qu'une poignée de farine délayée voit éclore la quantité d'insectes nécessaire pour la faire disparaître. La mouche queïroun de l'olive pullule les années d'abondance au point de menacer l'avenir, mais disparaît devant une récolte rapide et une fabrication prématurée qui rend l'hivernage impossible à la plupart de ces malfaisantes ailées. Le phylloxéra est plus rare sur le riparia sauvage, qui lui déplaît, que sur le labrusca, dont les larges rayons médullaires rappellent la constitution de la vigne européenne.

J'ouvre ici une parenthèse. Un ancien viticulteur américain écrivait, longtemps avant la découverte du phylloxéra, que la taille courte élargissait à la longue les rayons médullaires, que cette extension de tissus mous pourrait devenir une cause d'accessibilité aux maladies, aux insectes. Je me demande si le labrusca, devenant accessible au phylloxéra à mesure qu'il se civilise, ne serait pas un indice de cette tendance et si la taille longue n'est pas une des circonstances étayant la résistance *relative*, pas absolue, de certaines vignes américaines. Nous y reviendrons tout à l'heure.

Quoi d'étonnant à ce que, trouvant en France une nourriture plus à son goût que sur les espèces résistantes d'Amérique, l'insecte pullule dans ce milieu favorable ? Sa récente augmentation numérique en Amérique a une relation indirecte avec la vigne française, car ce sont les hybridations francaises qui, jointes à l'augmentation des surfaces plantées en labrusca, ont rendu le milieu américain plus favorable à l'ennemi que par le passé. Loin de conclure de là à l'éloignement de la vigne nouvelle, j'en conclus, au contraire, à l'éloignement de la vigne française, qui constitue un danger pour la vigne américaine. Adoptant cette dernière, nous devons le faire dans les meilleures conditions de réussite possibles, c'est-à-dire en éloignant le *vitis vinifera* comme favorisant l'existence de l'ennemi. Si nous faisons une exception, c'est pour la transformation et l'utilisation de la racine européenne par la greffe américaine, et cette exception, faite grâce à l'avantage économique, n'atténue pas l'inconvénient viticole d'entretenir un foyer phylloxéré. Je le répète, la résistance est relative, elle n'est pas absolue ; elle se compose de plusieurs éléments et l'absence de l'un d'eux suffit pour la faire céder devant une attaque trop forte, si le milieu où elle la subit lui est défavorable. C'est ce que nous avons vu plus haut à propos de la largeur des rayons médullaires des labrusca et des vignes françaises.

Depuis quand le phylloxera est-il en France ? Les uns accusent l'importation de M. Lalliman, en 1866, à Bordeaux ; les autres celle de M. Borty, en 1862, à Roquemaure. M. Lalliman se défend d'avoir joué un rôle aussi dévastateur que celui d'Attila, roi des Huns. Je comprends la modestie de l'homme qui désire se soustraire aux malédictions de tous les ruinés d'aujourd'hui ; mais admettons un moment qu'il soit un chef parmi ces fâcheux importateurs, on peut dire qu'il l'a été involontairement et qu'il n'a surtout pas causé tout seul un aussi grand malheur. En effet, je ne crois pas que M, Lalliman soit le premier importateur de l'insecte ni même de la vigne américaine. Ses importations ne datent que de 1866, et j'ai acquis des preuves positives que les vignes américaines de M. Borty, — envoi direct de M. Berkmanns, — étaient déjà plantées en 1863, peut-être même en 1862. Une lettre de Mme veuve Borty, du 16 mai 1881, me confirme cette date ; elle ajoute qu'il y a plusieurs variétés autres que le jacquez, mais qu'elles ont été greffées en jacquez, *plant à la mode*. J'ai aussi le témoignage de M. Piola qui, lors de sa visite à Roquemaure, en 1876, a reçu de Mme veuve Borty les mêmes renseignements. Remontant plus haut encore, mon fermier, M. Comy (le lauréat du concours régional de 1881 à Nimes), a visité cet intéressant vignoble en 1874, il a parlé à *M. Borty lui-même*, qui lui a dit tenir ses plants d'importation directe et cela depuis douze ans environ. M. Comy a vu des jacquez, des clintons, des norton's-virginïa et il *croit* qu'il y avait aussi des cuninghams.

Voici des extraits d'une note que M. Planchon envoyait, en avril 1874, au président de la Société d'agriculture de la Gironde. « Dans un enclos attenant aux maisons mêmes de Roquemaure M. Borty, négociant en vins, cultivait un beau vignoble de plants du pays qui devint la proie de l'oïdium. Ayant entendu dire que les vignes américaines échappaient à ce cryptogame, M. Borty, par l'intermédiaire d'un ami, se procura vers 1862 (la date n'est sûre qu'à une ou deux années près) un certain nombre de cépages américains, cent cinquante-quatre environ. L'origine américaine des vignes vigoureuses de M. Borty ne saurait être mise en doute. La liste ne semble pas très exacte ; des étiquettes manquent. Les delaware ont dû être arrachés, ce qui confirme les observations faites en Amérique par Riley et par moi sur la non-résistance de ce cépage. Même observation pour l'isabelle. »

M. Catros, pépiniériste à Bordeaux, a des vignes américaines depuis quarante ou cinquante ans, ainsi que M. Tourès à Machetaux (Lot-et-Garonne). En 1828, un envoi de New-York fut partagé entre le comte Odard, à la Dorée, et la colonie de Mettray. Il existait aussi quelques pieds américains dans les pépinières des frères Audibert, à Tonnelle, près Tarascon. Le jardin botanique de Dijon en a possédé huit ou dix variétés depuis 1842 jusqu'en 1858. M. Durieux de Maisonneuve, en reçut de Philadelphie en 1863. Enfin, en 1868, M. Schiebler, de Hanovre, en a partagé un envoi avec le docteur Babo, de Klosterneubourg.

En 1861, le marquis Ridolfi, de Florence, greffa une vigne oïdiée en espèces américaines et y récolta, l'année suivante, 800 hectolitres de vin foxé. On dit qu'il existe aussi des plants américains chez M. André Leroy, à Angers, et actuellement au jardin d'acclimatation, dans l'ancienne collection du Luxembourg. Ma conviction est que toutes ces vignes américaines venues en France, avant la grande invasion ont lentement répandu l'insecte autour d'elles, — que les importations devenues plus nombreuses après 1868, lors de la recherche de vignes résistantes à l'oïdium, ont aggravé l'invasion, — et qu'enfin les millions de boutures et d'enracinés importés dernièrement ont consommé un désastre contre lequel il n'y a plus à lutter, mais avec lequel il faut vivre.

Non-seulement M. Lalliman nie l'origine américaine de l'insecte, mais il va plus loin encore ; selon lui, ce serait la France qui aurait donné le phylloxéra à l'Amérique au lieu de l'en avoir reçu. Je crois, avec M. Riley, à l'origine américaine de l'insecte. Ce *state entomologist* juge sévèrement les idées de M. Lalliman. Dans une lettre qu'il adressait, le 12 février dernier, à M. Morlot de Fayl-Billot, M. Riley dit que la question du polymorphisme est un cas parfaitement établi, excepté pour un incrédule comme M. Lalliman. Ce que je sais, c'est que les théories de ce dernier sur l'origine du phylloxéra sont dangereuses pour la viticulture américaine, en ce qu'elles remettent en question des articles de foi à peine acceptés, et cela sans mettre de certitudes à leur place. C'est effrayée par ce danger que je sors à regret des généralités courtoises pour poser nettement la question entre M. Riley et M. Lalliman, et me ranger carrément du côté de M. Riley, savant impartial et profondément observateur.

M. Bourgade cite dans son rapport au comice agricole de Béziers deux faits fort concluants notés par lui en Amérique en 1872, et qui invalident les théories de M. Lalliman. Cet intelligent voyageur a vu des pépiniéristes emballer des plants et selon un ancien usage établi (au dire des pépiniéristes eux-mêmes) de père en fils, enlever soigneusement les nodosités phylloxériques dont les racines étaient couvertes. Il parle aussi de galles phylloxériques sur des plants du Texas placés depuis 1852 dans l'herbier d'*Engelmann.*

En fin de compte, les recherches sur l'origine du phylloxéra en France n'auraient un intérêt pratique que si les victimes de l'importation pouvaient rapatrier l'insecte. Comme c'est impossible, oublions ces discussions oiseuses ou amères pour travailler au vrai et au bien : concentrons nos efforts vers un but utile, celui de vivre avec un ennemi que nous ne pouvons détruire. Qu'un échange vraiment fraternel d'observations fasse avancer la nouvelle science viticole vers le seul terme à chercher, vers la création de vignes résistantes et prochainement fertiles. C'est dans cet esprit que j'apporte ici une pierre à l'édifice, espérant abréger pour les autres le long chemin que j'ai parcouru moi-même avant d'arriver aux certitudes matérielles dont je commence à recueillir les fruits.

Une des conditions de réussite de la vigne américaine est l'appropriation des espèces au climat et au sol, de placer autrement, par exemple, les estivalis, *groupe du Nord*, que les estivalis, *groupe du Sud*. Ces derniers, que je connais mieux, ne peuvent qu'exceptionnellement sortir de la région de l'olivier, ni dépasser une ligne qui irait de Valence à Bordeaux. L'obstination avec laquelle on veut parfois faire des acclimatations impossibles est une cause de dépréciation pour la vigne américaine dans les Charentes. Les jacquez, les herbemonts n'y trouvent pas la chaleur saine qu'ils demandent et y souffrent du *mildew* et de la gelée, etc., tandis que les estivalis (groupe du nord) réussissent mal dans la région de l'olivier. — Exemple : à Saint-Bénézet, le norton's virginia, bien que vigoureux et âgé de six ans, n'a pas encore fructifié.

Il est probable, même sûr, qu'il existe une zone dans laquelle il donnera les excellents résultats dont on parle en Amérique. — Un troisième groupe d'estivalis, que nous nommerons groupe intermédiaire, s'étend sur les deux zones, mais en perdant de ses qualités aux limites extrêmes. Le rulander, le louisiana, semblent appartenir à ce groupe, mais il est trop tôt pour parler de ces cépages encore peu expérimentés. Les riparias sauvages croissent spontanément dans une grande partie de l'Amérique : donc ils se plaisent dans une zone étendue. Il ne faut pas croire les bruits que l'on fait courir sur les prétendues défaillances de ce porte-greffe remarquable. Il est peut-être vrai que, dans le Beaujolais, le vialla lui soit supérieur, je n'ai pas de certitude à cet égard, mais je sais positivement que dans le Midi, il n'y a eu de faibles que quelques mauvaises variétés de riparias faciles à éliminer et qu'il suffit de prendre les boutures dans une vigne irréprochable pour avoir une plantation vigoureuse. Mais il est encore préférable de ne planter qu'une seule et même variété pour assurer l'uniformité de la plantation et son adaptation au sol : les variétés glabres dans les terres sèches, les pubescentes dans les plaines profondes et plus humides.

J'insiste sur le triage des variétés, parce que les envois d'Amérique, très mêlés, donnent des plantations inégales et par là compromettent la réputation du riparia. Au château de Pignan (1), il s'est trouvé quelques sujets chétifs de ce genre ; ils étaient rares et ont été arrachés rapidement ; ce sont probablement ceux-là que visait M. Hortolès quand, prenant la partie pour le tout, il citait comme faiblissants les riparias de Pignan, et le plus souvent, quand un riparia faiblit, on découvre que ce riparia n'en est pas un. Mais n'entrons pas ici dans des détails de variétés, car je veux, tant pour le riparia que pour les autres espèces, laisser l'été de 1881 passer sur les plantations américaines en France, il sera encore temps alors de prendre des résolutions solidement appuyées pour la plantation de 1882. A côté des jacquez de Roquemaure, je tiens à citer un vétéran des riparias : je le trouve resplendissant le long de la véranda de la préfecture du Var, où il date déjà de 1868.

Le département du Var nous offre, à côté des plus beaux jacquez de France, chez M. Aurran, les riparias également beaux du Dr Davin, à Pignan (2). Ces deux vignobles sont à leur quatrième feuille. A côté des admirables terrains de M. Aurran, se trouvent des craies, des marnes, des terres sèches des plus inhospitalières, c'est

(1) Chez M. le comte de Turenne (Hérault).
(2) Var.

donc un beau champ d'expérience. Le riparia s'y affirme de manière à permettre les conclusions suivantes : que les riparias qui souffrent ne sont pas de vrais riparias ; que là où le riparia souffrira aucune variété ne vivra ; que les attaques dirigées contre ce cépage le feront étudier, connaître, apprécier et le placeront encore plus haut qu'il ne l'est maintenant. J'ajouterai que dans les environs de Toulon, il y a des travailleurs sérieux, intelligents, honnêtes — entre autres le Dr Davin, M. Ganzin, et bien d'autres que je ne puis nommer ici ; on peut les suivre hardiment et être assuré de trouver le succès.

Parlons de la greffe. Touin a décrit toutes les greffes possibles et... impossibles ! L'année dernière, M. Champin s'est joué au milieu d'elles toutes fort agréablement avec l'esprit d'un Français ; Mme Ponsot les a étudiées dans un traité bref, sobre, utile, s'attachant à la soudure parfaite d'un greffon français sur une racine américaine. Après avoir lu et relu son traité, après avoir vu ses plants greffés et bien soudés, j'aurais voulu écrire au-dessus de la porte des Annereaux (1), ce temple du succès mérité : « Chi va piano, va sano ; chi va sano, va lontano. » Sur une belle bouture de riparia enracinée en pépinière, Mme Ponsot fait greffer sur table un greffon français ; ce greffon irréprochablement uni à la racine, et irréprochablement lié, va passer une année en pépinière, pour compléter cette opération bien faite par une soudure si parfaite qu'elle se verra à peine l'année suivante lors de la mise en place. Avec ce plant, l'affranchissement du greffon n'est presque plus à craindre ; la greffe, déjà soudée, peut être enterrée moins profondément qu'une greffe fraîchement faite, et un pareil plant, placé en bon

(1) Près Libourne.

terrain, produira dès la seconde année le coût de sa mise en place.

J'ai déjà parlé d'affranchissement, et ne sais si tous mes lecteurs savent ce que signifie ce mot. Le voici : dans le cas de transformation par la greffe d'une vigne française en une vigne américaine, le but désiré est l'enracinement du greffon américain, car ce seront ces racines américaines, émanées du greffon, qui donneront au greffon sa vie individuelle et résistante. Le greffon enraciné est affranchi de tout lien avec la racine française, puisqu'il ne dépend plus d'elle pour se nourrir ; quant au porte-greffe, sa sève n'étant plus absorbée, il succombe à son inutilité et au phylloxéra. Pour favoriser cet enracinement ou affranchissement, on greffe très profondément, on rechausse le plus possible et on détruit soigneusement les repousses françaises, qui absorberaient, au détriment du greffon, la sève du porte-greffe. Le contraire est à chercher quand il s'agit de racine américaine et de greffon français. Il faut favoriser le développement de la racine américaine et enrayer la formation des racines françaises, qui créeraient au greffon une vie provisoire, étouffant ainsi la racine américaine. On parvient à maintenir la racine américaine à son poste de porte-greffe en pinçant, à mesure qu'ils paraissent, les rejets américains, tandis qu'un déchaussage soigneux d'hiver permet de couper les racines françaises qui se forment les premières années. — Faute de cette dernière précaution, qui n'est en somme que l'ancien déchaussage pratiqué chaque hiver pour détruire les mauvaises herbes, drageons et racines superficielles, j'ai vu mourir de belles souches greffées au moment où on croyait les voir produire. Ces faits, plusieurs fois répétés, ont semé la terreur chez ceux qui n'ont pas cherché la cause, tandis que l'arrachage leur aurait montré que le greffon s'était créé une vie individuelle et précaire sur ses propres racines, et que le phylloxéra, se trouvant en présence d'une souche française sur racine française, avait repris ses droits. Quant au porte-greffe, il avait péri par refoulement de sève.

La plupart des objections soulevées contre le greffage de la vigne s'appliquent à la *greffe* en général et non à la *greffe de la vigne* en particulier. Celle-ci obéit nécessairement aux mêmes lois que la greffe en général dont un des caractères intrinsèques est le maintien des individualités tant du porte-greffe que du greffon. En effet, leurs natures respectives ne réagissent pas l'une sur l'autre, et chaque espèce reste si bien ce quelle est, que, si vous coupez la partie greffée, le porte-greffe repoussera ce qu'il était, tandis que les boutures prises sur le greffon seront de l'espèce du greffon. La greffe a une action purement mécanique ; la racine est une pompe refoulante ; la partie aérienne, par sa tige et par ses feuilles, agit comme pompe aspirante. La greffe est un nouveau système de distribution qui peut varier à l'infini sans réaction sur la pompe refoulante, pourvu que tous les liquides soient totalement employés, mais si, par infériorité de développement du greffon et taille trop courte, le greffon n'absorbait pas toute la sève ascendante, cette dernière ferait éclater les vaisseaux, ce qui produirait des drageons ou des lésions aux racines trop gorgées de sève.

La sève ascendante est un liquide incolore qui tient ses caractères chimiques du sol dans lequel les racines l'ont puisée : c'est pour ainsi dire une eau modifiée par un milieu, autrement dit une dissolution d'acide carbonique, d'humate ammonique et de sels minéraux. Arrivée au point de jonction de la greffe, cette sève ascendante subit une action mécanique due au changement des tissus traversés. Cette action est un ralentissement, une répartition dans les tissus de calibres différents aboutissant aux extrémités des tiges et des feuilles. Soumise à l'influence de la chaleur et de l'air, la sève, avant de redescendre et de devenir *sève descendante*, subit une modification chimique qui la doue des caractères spéciaux à l'espèce du greffon. S'il appartient à une espèce commune, la rapide élaboration de la sève la laissera aqueuse et pauvre, ses produits seront faibles et abondants. L'élaboration plus complète, qui est le propre des espèces fines, donnera à la sève descendante plus de sucre, de tannin, d'acide, et communiquera ses qualités à des fruits moins abondants, mais de qualité supérieure.

On pourrait comparer cette action à celle de l'alambic, qui, selon son activité calorique et le nombre de ses plateaux, produira lentement de l'alcool absolu ou rapidement des flegmes de degré inférieur, avec cette différence pourtant que la sève empruntera de nouveaux éléments à l'eau et à l'air, tandis que l'alambic se bornera à une élimination non interrompue.

La sève ascendante est donc sensiblement différente de la sève descendante. La quantité de la première dépend de l'action de la racine, sa composition chimique dépend de celle du sol, la sève descendante acquiert et communique au produit les caractères spéciaux à l'espèce du greffon. Si la racine envoie au greffon moins de sève que ce dernier n'en demande, il sèchera ; le contraire se produira invariablement avec les porte-greffes américains connus aujourd'hui, vu leur grande vigueur. Ainsi l'aramon greffé sur riparia sera si amplement nourri qu'il produira plus que sur ses propres racines ; au château de Pignan, cinq cents souches de quatre ans ont donné 16 kilogrammes de raisin par souche (soit 12 litres de vin et 300 hectolitres à l'hectare). La qualité se ressentira nécesairement du plus ou moins d'abondance de la sève, d'après le même principe qu'un cépage fin et peu fertile sera plus ou moins fin et plus ou moins fertile selon qu'il vivra pauvrement sur un coteau ou richement dans l'alluvion d'une plaine. Le york-madeira, le rupestris, seront peut-être un jour les porte-greffe des espèces à petite végétation, par conséquent des grands crus ; mais attendons une certitude pour toucher à cette question brûlante. Il vaut mieux s'adresser momentanément aux insecticides pour conserver encore ces gloires françaises. Quitte à ne pas trop se fier à la durée de ce palliatif, on peut lui demander secours pendant qu'on étudie la compensation possible des vigueurs inégales des porte-greffe et greffons, ou qu'il surgisse parmi les sauvageons encore mal connus des porte-greffe de petites races.

Après avoir étudié l'influence très positive du porte-greffe comme quantité de sève fournie, *et pas autrement*, sur le greffon, des objections bizarres et futiles m'obligent à expliquer comment le greffon ne peut influer sur le porte-greffe que comme quantité de sève reçue et rendue et non comme nature ni espèce. La partie aérienne a nécessairement une grande influence sur la partie inférieure, puisque c'est la sève descendante qui produit l'accroissement ; mais les physiologistes improvisés veulent que le greffon phylloxérable transmette ses aptitudes fâcheuses au porte-greffe, que ce porte-greffe devenu attaquable, soit attaqué et que sa mort finale rende onéreuses et illusoires nos tentatives de replantation. J'engage ces novateurs à demander au premier jardinier venu si un pêcher greffé sur sauvageon et gelé jusqu'au-dessous de la greffe reproduira quand même le fruit de l'espèce du greffon mort ? si un coignassier greffé de poirier poussera du pied des rejets de poirier ou de coignassier ?

La réponse n'est pas douteuse ; le porte-greffe restera ce qu'il était, même nourri de la sève descendante d'une autre espèce que la sienne. Pas plus dans le règne végétal que dans le règne animal, la nourriture n'influe sur l'espèce, la viande d'un bœuf et celle d'un cheval, nourris de même, garderont chacune leurs caractères distinctifs, quoique l'abondance et la qualité de la nourriture influent sur l'abondance et la qualité de la viande

La Providence a mis une barrière infranchissable à la confusion des espèces végétales ou animales ; tout en permettant certaines améliorations, la stérilité infligée à ce qu'elle n'a pas créé maintient ces modifications en deçà de certaines bornes. Ainsi, la mule ne produit qu'exceptionnellement, et plus une rose est double, moins elle se reproduit de graines.

Si la sève descendante d'une greffe modifiait les espèces dans leur nature, si, par extension du même principe, la nourriture modifiait l'espèce des animaux, il n'y aurait plus sur terre qu'un type végétal, qu'un type animal résultant d'une fusion générale, et, une fois dans cette voie, Dieu sait si les trois règnes ne se confondraient pas dans une masse inerte et inutile. Ce serait une manière d'amener la fin du monde à laquelle on n'a pas encore pensé et à laquelle nous conduirait l'influence du greffon sur le porte-greffe. Pour juger de la valeur d'une théorie, pour voir jusqu'à quel point elle peut franchir les limites du bon sens, il suffit de pousser cette théorie à ses conséquences extrêmes ; or l'idée qu'un âne nourri à l'avoine puisse devenir un cheval de course n'est pas plus extravagante que la théorie du porte-greffe modifié par le greffon.

Revenons donc au vrai et voyons comment la sève descendante ramène au sol certains éléments minéraux et dépose sur son passage ses acquisitions plastiques dont l'accumulation entre bois et écorce produit l'accroissement. La sève, en traversant la coupe de la greffe sous sa forme descendante, subit le changement inverse à celui qui avait eu lieu au même point sous sa forme ascendante. Le passage au travers de surfaces coupées et soudées cause de même un ralentissement qui se traduit par l'existence momentanée d'un bourrelet, et c'est ce bourrelet, conséquence de toute greffe et de toute incision, qui fait dire aux amateurs que le porte-greffe reste plus mince que le greffon, que cette faiblesse expose le greffon aux caprices du vent, etc. Rassurons-nous encore ; dès que la sève aura surmonté l'obstacle causé par la juxtaposition du bois étranger, le bourrelet s'accroîtra de haut en bas, recouvrant la soudure, l'enveloppant d'une couche de cambium, enveloppant aussi chaque racine jusqu'à sa spongiole finale.

Quant au vent, aussi vieux que le monde, il a toujours déraciné les chênes et soulevé les ondes ; pourtant on n'a renoncé ni aux chênes ni à l'empire des mers, il faut compter avec lui, c'est évident, mais si nous sommes les moins forts, soyons les plus adroits. Un pinçage opportun des pousses qui menacent de faire voile diminuera sa prise et un bon buttage paralysera le balancement qu'il voudrait imprimer à ce porte-greffe encore mince et faible.

J'ai parlé de l'accroissement de la plante et de la soudure parfaite de la greffe, effets différents dans leurs résultats, mais découlant des mêmes principes et se produisant de la même manière. Loin de passer au déluge, il me faut remonter jusqu'à la création pour trouver le principe de cette action ; si les détails dans lesquels j'entre depuis le commencement de cette troisième étude sont trouvés lourds et inutiles, je renverrai la faute à ceux qui me reprochent d'effleurer plus de sujets que je n'en creuse. Je croyais qu'ils me sauraient gré de la discrétion avec laquelle mon premier article ménageait leur attention, indiquait à demi-mot le chemin du salut, au lieu de le gravir pas à pas au travers de théories et de détails arides. J'engage maintenant mes premiers lecteurs, si curieux, surtout si bienveillants, à ouvrir une amande avec moi. Nous verrons à l'une de ses extrémités un petit amandier tout formé, quoique minuscule. Il aura tige, collet, racine. Mettons en terre cette amande : le germe (c'est ainsi que s'appelle une plante à cet âge) empruntera à ses cotylédons les éléments nécessaires à son premier développement. De son côté son rudiment de racine s'allongera en terre pour se créer des ressources personnelles et puiser l'eau nécessaire à sa végétation, tandis que les parties vertes de sa tige enlèveront à l'acide carbonique de l'air le carbone, et à l'eau les sels et l'hydrogène dont elles font leur nourriture.

Voilà le germe et son action. Etudions maintenant un arbre ; voyons s'il ne se compose pas d'une série de germes pareils, reliés en faisceau par un tronc et divisés en branches et en rameaux. Dans ce faisceau ou arbre, prenons un bourgeon sur sa tige, fendons bourgeon et tige comme nous avons fendu l'amande ; de même que dans le germe, nous verrons les rudiments d'une tige, un collet et, au-dessous, une réunion de fibres qui selon qu'elles croîtront dans l'aubier ou dans la terre, seront fibres ligneuses ou racines.

La bouture à un œil montre des fibres devenues racines, tandis qu'une greffe en écusson sur rosier permet de suivre les fibres s'enfonçant dans l'aubier, s'en nourrissant et le transformant en bois. J'ai eu entre les mains un exemple curieux de la modification produite par le milieu sur le développement des fibres du bourgeon : une racine de quelques millimètres, sortie d'une bouture à un œil, avait pénétré dans la bouture voisine, entre le bois et l'écorce. Cette racine se transformait si subitement en fibre ligneuse qu'on ne retrouvait sa trace dans aucune des deux boutures.

La preuve que l'accroissement des plantes a lieu par les fibres prolongeant les bourgeons, c'est que, sur les plantes à croissance rapide, on distingue parfaitement l'accumulation des fibres et du cambium sous chaque bourgeon, où ils constituent un renflement s'aplatissant et entourant la tige à mesure qu'il descend. Qu'une coupe transversale sépare un bourgeon de ses fibres à leur naissance (sans attaquer le bois porteur de la sève ascendante), la sève descendante s'accumulera au-dessus de cette coupe et y formera un bourrelet, tandis que la partie située en dessous et séparée de son alimentation présentera une dépression. C'est le même principe qui fait qu'une incision annulaire fait grossir un fruit par accumulation et écoulement extérieur de la sève. Si un bourgeon sur une tige ou une tige sur un tronc sont artificiellement remplacés, que ces remplacements soient faits en reproduisant parfaitement les conditions de contact et de juxtaposition, les choses se passeront exactement de même; la sève montera par l'intérieur du bois dans la nouvelle tige, se frayant un passage d'un bois à l'autre, rétablissant la continuité des vaisseaux et cicatrisant leur section. Un seeond travail plus complet, la soudure, sera opéré par la sève descendante qui fournira aux fibres ligneuses qui s'allongent le cambium nécessaire à leur nourriture. Le liber, également nourri par le cambium, recouvrira extérieurement les coupes et accomplira ainsi le travail ébauché par la sève ascendante.

Les principes ci-dessus énoncés s'appliquent à tous les végétaux ligneux en général, mais, dans la pratique, il y a à tenir compte de la nature particulière de chaque espéce et à choisir le mode de greffage qui lui convient le mieux. La vigne n'admet guère que la greffe en fente souterraine : fente simple ou double avec ligature, sur racine de un ou deux ans ; fente simple transversale avec ligature sur souche de deux à quatre ans ; fente partielle (sur le rayon seulement de la section horizontale) sur souche de trois ans et plus sans ligature. Dans ce dernier système, les couches ligneuses réagissent contre la déformation et se referment sur le greffon taillé en coin introduit pendant que le ciseau maintient l'ouverture. Milon de Crotone dévoré par les loups parce qu'un chêne fendu par lui s'était refermé sur ses mains donne une idée des conditions de solidité exigées par cette excellente greffe. De ces trois espèces de greffes : fente anglaise sur très jeune bois, fente transversale complète sur souche moyenne, fente partielle sur grosse souche, la première est de beaucoup la meilleure parce que : 1° la végétation y est plus vive ; 2° l'écorce plus mince est plus facile à rejoindre ; 3° la ligature plus parfaite. La plus mauvaise est certainement la seconde, et pourtant c'est celle qui sera la plus pratiquée, car je vois autour de moi des taylors de cinq ans perdre le temps et l'argent de ceux qui les ont plantés et cela malgré l'exemple des riparias du château de Pignan (1), qui, plantés en

(1) Chez M. le comte de Turenne (Hérault).

1879, greffés en 1880, produisent cette année de dix à vingt-cinq grappes. Malgré encore l'exemple des taylors de Saint-Bénézet et de ceux du fermier Vier (1), greffés en 1880 et produisant cette année ; on n'a pas encore compris que, *passé la première, chaque année écoulée avant la greffe se traduit par une vendange perdue*. On me répondra en niant que la vigne puisse produire à trois ans, à moins de circonstances exceptionnelles ; mais justement la greffe est une de ces circonstances exceptionnelles qui hâtent la fructification. La qualité du terrain a aussi une influence, mais est-ce une raison d'ajouter au retard qu'il peut occasionner à celui qu'apporte la greffe, différée ?

C'est en entravant le trop grand développement des sarments que la greffe accélère la fructification et hâte la maturation du bois et de l'organisme. L'habile chef de l'exploitation du château de Pignan, M. Molinier, a obtenu jusqu'ici la mise à fruit la plus rapide des plants greffés en place : après avoir été un artiste de la vigne française, il a traduit sa première méfiance contre la vigne américaine par une recherche soigneuse de sa transformation possible en aramons fertiles et précoces. Il y a apporté ce soin, cette perfection de détails qu'il apporte à toutes choses, et obtient des résultats surprenants. Voici un tableau donnant l'état actuel de ce beau vignoble :

	Hectares.	Nombre de pieds.
Plantation de 1876........	8.80	13.300
— 1877........	5.20	18,200
— 1878........	8.50	29.750
— 1879........	17.75	62.125
— 1880........	20.25	70.875
— 1881........	25,50	89.250
	81 hectares.	283.500 pieds.

(1) Mas-de-Baguet.

Une grande partie de ces plants sont greffés, mais ce qui est le plus remarquable, ce sont les greffes de 1880 : huit mille souches plantées en 1878 et quatre mille plantées en 1879, toute greffées en 1880, sont égales comme réussite et produiront cette année, d'après les apparences, de 6 à 8 kilogrammes par pied. Je cite l'exemple ci-dessus comme preuve de précocité ; comme fertilité, je citerai les plantations de 1876, greffées en 1877 et ayant produit, l'an dernier, 16 kilogrammes par souche. Un mélange de plants greffés de trois à six ans a donné une moyenne de 10 à 12 kilogrammes de raisins par souche, ce qui correspond à 240 hectolitres à l'hectare. C'est bien plus que n'auraient donné des aramons francs de pied au même âge.

La main-d'œuvre pour le greffage a été de 15 fr. 37 pour mille souches (1).

A Saint-Bénézet, le terrain donne plus volontiers la qualité que la quantité, et dans l'organisation plutôt industrielle de la propriété, la vigne apparaît sous trois formes distinctes : 1° raisin de balance en plaine ; 2° vin ordinaire à vendre directement à la consommation, produit sur les coteaux par plants directs ou greffés ; 3° multiplication de plants. A cet effet, 120 mètres carrés de serre chaude, 400 mètres de serre tempérée, 150 mètres de couches, 12 hectares de pépinières arrosées, et enfin un personnel spécial sont consacrés à cette multiplication de plants rares ou à reprise difficile.

(1) Prix de revient pris à Pignan :

2 greffeurs à 4 fr. par jour	8 fr.	»
2 hommes pour déchausser, rechausser à 2 fr. 75	5	50
1 femmme pour mastiquer, lier	1	25
Ficelle	»	62
	15 fr.	35

J'ai parlé, dans un travail précédent, de la production industrielle de plants enracinés comme d'une nécessité primordiale de la culture américaine en France. En effet, il y a une ou deux années à gagner à la plantation de plants directs enracinés tels que les pépiniéristes américains les vendent, et à celle de plants greffés et soudés tels qu'on commence à les faire en France. Admettant que cette fabrique de plants greffés soit un dérivé de l'industrie américaine, elle n'en est pas moins toute française dans son utilité et dans ses procédés.

Le cultivateur, en général plus laboureur que jardinier, qui se décide à planter un clos de jacquez, perdra temps et courage s'il plante des boutures pour n'en voir réussir que 50 pour 100. S'il veut planter des enracinés, il perdra une ou deux années, peut-être trois (c'est ce que cela m'a coûté) à se débattre au milieu des difficultés de cette multiplication, et quand il aura enfin appris, il aura tant perdu de temps et d'argent qu'il les vendra au lieu de les planter ; en tout cas, sa plantation, s'il l'exécute, lui coûtera plus cher que s'il achetait immédiatement à un prix raisonnable le nombre de plants égaux, choisis, qu'il lui faut. Si ses vues se tourneut vers les porte-greffes greffés, il lui faudra une année pour enraciner les boutures, une autre pour greffer ces enracinés; ajoutons donc deux années perdues aux maladresses de coupes, de ligatures, de transplantations, inhérentes à l'inexpérience, et nous aurons un total de temps et d'argent perdus dont le quart aurait suffi à acheter des plants irréprochables et produisant à leur seconde année.

Chez les grands viticulteurs, les ouvriers greffent pendant des mois; ils acquièrent une sûreté de main, une finesse de toucher qui, jointe à la surveillance et à l'organisation matérielle pour la conservation des plants greffés, assurent un succès que n'atteindra jamais la moyenne propriété employant des ouvriers inexpérimentés, tandis que l'homme seul qui travaille uniquement pour lui-même compensera par le soin, par le désir de réussir, ce qui lui manquera comme habileté. C'est pourquoi j'engage ceux qui ne sont assimilables ni aux grands propriétaires ni au paysan cultivant son propre sol, à acheter leurs plants prêts à planter, et si cette application du *Time is money* ne les frappe pas assez pour les décider à cette dépense, je conseille aux partisans des porte-greffes greffés de donner la préférence à la bouture *plantée en place et greffée à un an* plutôt que de greffer des enracinés sur table. Ceux qui voudront des plants directs sans les acheter devront s'y prendre à l'avance, mettre en pépinière beaucoup plus de plants qu'ils n'en veulent planter et, au besoin, laisser les faibles deux ans en pépinière afin de ne les mettre en place que suffisamment enracinés.

La question suivante se présente à tous les commençants : Que faut-il planter, bouture ou enraciné ? Etant donnée une somme à dépenser, je conseillerai toujours d'en employer la moitié à une plantation d'enracinés ; ils donneront un revenu payé cher, il est vrai, mais rapidement acquis ; l'autre moitié de la somme employée à planter des boutures produira plus ou moins vite un revenu acheté moins cher, mais dont l'absence momentanée sera comblée par les enracinés, qui donneront matériellement et moralement force et courage.

J'ai planté Saint-Bénézet très vite aux yeux des effrayés qui n'ont rien planté du tout : je trouve, au contraire, que j'ai perdu du temps, et cela parce que, tout en pressentant le succès qui m'attendait, je ne voyais pas bien le chemin qui devait m'y conduire ; à présent, c'est autre chose : une route clairement tracée se déroule devant moi. Le Deffends en Provence profitera des études faites à Saint-Bénézet et au château de Pignan. Cette année, 30 hectares de vignes y ont été plantés sur les 72 dont se compose cette propriété ; 20 hectares seront plantés en 1882, et en 1884, cette terre aura passé du néant à un beau revenu.

MANUEL PRATIQUE

DE

VITICULTURE AMÉRICAINE

EN FRANCE

MANUEL PRATIQUE

DE

VITICULTURE AMÉRICAINE EN FRANCE

Tout le monde sait que Noé planta la première vigne, qu'il fut le premier à faire du vin et même à le boire ; qu'il montra dans cette dernière action un degré d'inexpérience tel, que le respect filial en souffrit, et qu'un sourire accompagne parfois sur nos lèvres le nom du patriarche. Laissons ce détail et souvenons-nous seulement de ce point de départ de la viticulture asiatique et traditionnelle qui, après avoir régné près de trois mille cinq cents ans sur l'ancien monde, est venue au XIXe siècle, s'évanouir entre les mantibules microscopiques d'un insecte du nouveau monde. C'est bien maintenant que les vieillards peuvent dire : De mon temps, tout était mieux qu'à présent. Sans nous arrêter stérilement à ce que cette lamentation rétrospective a de vrai et d'actuel, voyons si le remède ne se trouve pas dans l'importation même qui nous a porté malheur, et si nous ne pouvons pas relever notre viticulture si mortellement atteinte, en suivant les Américains à la recherche de variétés résistantes et des moyens de les utiliser.

Deux sciences viticoles se trouvent maintenant en présence : celle qui finit et celle qui commence ; celle née avec la vigne de Noé et celle qui a surgi en Amérique entre les échecs de la vigne de l'ancien monde et la persévérante industrie du jeune peuple. La première, traditionnelle, composé illogique de l'expérience des uns et des préjugés des autres, a eu pendant des siècles les résultats que nous connaissons : la seconde est née des efforts de la science américaine, depuis quatre-vingts ans à peine, pour utiliser des variétés riches et résistantes, mais difficiles à multiplier et avares de leurs produits. On peut reprocher à la vieille viticulture son désaccord avec les lois physiologiques, tandis que la viticulture américaine pèche par son manque de traditions confirmées et par les difficultés pratiques qu'entraîne la nature rebelle de ces cépages nouvellement arrachés aux forêts vierges. Autrement dit, l'Amérique en est à la période des viticulteurs et n'entrera pas de sitôt dans celle des vignerons.

On se rappelle que c'est pour échapper à l'oïdium que des imprudents bien intentionnés ont importé les plants américains et avec eux le fléau qui a sapé nos vieilles vignes jusque dans leurs racines. Hors, le plant qui nous a apporté le phylloxéra dévastateur était un cépage résistant, puisque les premières vignes américaines, centre et point de départ des taches phylloxériques, ont survécu au milieu des morts ; mais, chose bizarre, tandis qu'alors pas une voix ne s'est élevée pour crier au phylloxéra de passer au large, une armée d'entêtés mal informés barrent maintenant le passage au cépage sauveur et le repoussent de partout, comme le phylloxéra aurait dû l'être quand il en était temps encore. Depuis peu, l'excès de nos malheurs a fait entr'ouvrir la porte aux plants américains. Quelques vignobles ne tarderont pas à écraser leurs détracteurs sous le poids de leurs vendanges, « versant des torrents de lumière sur ces impies blasphémateurs. » Ils prouveront qu'à égalité de terrain et d'espèce, les cépages français greffés sur porte-greffes américains seront plus productifs d'un quart et plus précoces d'une année qu'ils ne l'étaient sur leurs propres racines.

Il découle de ce qui précède : 1° que les traditions de la vieille viticulture ont fait leur temps ; 2° que la viticulture américaine est viable; 3° que de l'union de notre tact viticole avec cette jeune science d'outre-mer il naîtra une viticulture aussi logique que cette dernière, aussi pratique que la viticulture française ; 4° que nos anciens cépages méritent d'être sauvés du naufrage, et que nous le pouvons en les greffant sur souches américaines.

Passons à la pratique et étudions les cépages américains à produit direct, les porte-greffes américains et leur greffage en cépages français. Avec les premiers, il nous faut oublier tout ce que nous savons comme multiplication et fouler un nouveau sentier. Avec les seconds, nous pouvons nous souvenir du passé dans ce qui était logique et vraiment expérimenté.

Je ne saurais trop engager mes lecteurs à profiter du temps d'arrêt qui a été infligé à la viticulture pour repasser au crible de la science et du bon sens les théories contradictoires de la tradition, de les mesurer entre elles et de comparer entre eux les produits de la plantation plus ou moins profonde, de la taille plus ou moins longue ; de se convaincre, en un mot, que l'accord entre la pratique et la science a pour effet direct la fertilité et la précocité.

Mais n'outrepassons pas ma pensée et comprenons bien que le rôle consultatif de la science doit céder le pas au rôle expérimental de la pratique. La science asservit, enrégimente pour ainsi dire les forces physiques ; la pratique expérimente les suggestions de la science, la renseigne à son tour pour en obtenir de nouveaux éclaircissements. Là doit se borner le rôle de la science, sinon *la viticulture qu'on paye* remplacera *celle qui paye*.

Parmi les vérités bien établies se trouvent les suivantes, aussi vraies en culture française qu'en culture américaine : La précocité de la mise à fruit est en raison du peu de profondeur de la plantation. Quels que soient le climat, le sol, l'exposition, les pays ou l'on plante profondément un long sarment, muni de beaucoup de bourgeons, attendent longtemps leur première vendange, tandis que ceux où l'on plante, peu profondément des boutures courtes ou mieux encore des racinés à un seul collet, bien constitués, vendangent dès la troisième ou la quatrième année.

En effet, le plant porteur de plusieurs colliers de racines est un plant mal constitué ; ce n'est pas tout à fait le veau à six pattes phénomène, qui marche bien plus mal que s'il n'en avait que quatre,mais cela en approche. Une tige est construite de manière à répondre aux exigences d'une seule racine, tant comme absorption de sève ascendante, que comme restitution de sève, sous forme descendante. Si on lui en inflige plusieurs, elle les nourrira mal et les nombreux colliers seront bien loin d'égaler par leur réunion, les puissantes racines qui rayonneraient autour d'un collier unique. Une autre vérité fondamentale est la nécessité de proportionner la longueur de la taille à la force de la souche, mais nous reviendrons sur ce point qui demande de grands développements, lorsqu'après avoir étudié comment on plante les vignes, nous en arriverons à les tailler. D'abord remarquons que les plants américains demandent de la place, qu'on ne saurait en planter utilement plus de 4.000 à l'hectare, mais que 2.500 suffisent.

Récolte des Boutures :

Le moment de couper les sarments est venu quand le bois est mûr et aoûté, lorsqu'après la chute des feuilles, l'épiderme durci présente une teinte uniforme, produite par la réunion de stries brunes, sans mélange de stries vertes.

L'extrémité herbacée de certaines espèces à végétation tardive, telles que le Rulander, l'Herbemont, est habituellement saisie en pleine végétation par la gelée et ne s'aoûte pas. Si les fortes gelées ne sont pas à craindre, on peut laisser les sarments sur les souches pendant l'hiver, mais, si la grande quantité n'oblige pas à faire ainsi, il vaut mieux tailler et rentrer son bois dès qu'il est en état de l'être, le bourgeon souffre peu de la gelée, car son enveloppe résineuse, non-conductrice de la chaleur, le protège, mais cette protection ne s'étend pas au bois, et la sève augmentée de volume par la congélation, fait éclater les vaisseaux. Cette rupture, très apparente sur les plantes annuelles et sur les rameaux herbacés de végétaux ligneux avant leur aoûtement, n'est plus appréciable sur les bois aoûtés, les vaisseaux contenant alors peu de sève, leurs parois très solides se fendent seulement par endroits : ce n'est qu'après le développement des bourgeons, lorsque la sève circule dans ces vaisseaux à parois incomplètes que l'on perd ses illusions, sur ce bois resté vert sur quelques points, mais, si avarié, malgré son air sain, que la mort suit de près cette apparence de vie printanière.

Les sarments doivent être mis à l'abri sitôt séparés de la souche, car la section de leurs vaisseaux change les conditions de conservation. Le premier travail après la taille est la suppression des vrilles. Ces appendices, devenus inutiles pourriraient pendant la stratification, et créeraient un milieu malsain pour les boutures. Insistons sur ce que toute cause de moisissure, de pourriture ou de fermentation doit être scrupuleusement écartée, tant des stratifications que des pépinières, cela est surtout nécessaire quand il s'agit d'espèces américaines.

Les latéraux, ou sarments provenant de bourgeons stipulaires, seront coupés ras du sarment principal.

Pratiquement, ce premier travail doit être fait par des femmes placées debout, deux par deux, en face l'une de l'autre de chaque côté d'une longue table étroite ; la première paire de femmes enlève les vrilles et les latéraux causant enchévêtrement, la seconde coupe les latéraux restants et les met de côté. Les extrémités imparfaitement aoûtées doivent être coupées, œil par œil jusqu'à une section franchement verte. Les femmes passent les sarments à deux hommes, qui les coupent de longueur et les livrent à ceux qui les classent, selon le diamètre, pour en faire des paquets de 100, de 200, etc. Les hommes chargés de couper les boutures doivent nécessairement être vignerons, d'abord, pour tailler de bonnes boutures, et ensuite pour en retirer le plus grand nombre possible d'une quantité de bois donnée. La qualité d'une bouture, c'est-à-dire son aptitude à végéter, et surtout à s'enraciner, se mesure au milieu et aux conditions qu'elle rencontrera ; ainsi une bouture à deux yeux, excellente pour la multiplication en serre, est généralement insuffisante en pépinière, même arrosée. Celle à trois yeux, très suffisante en pépinière arrosée, ne sera pas viable en place, si elle est trop mince, etc. Le tailleur de boutures doit voir le parti à tirer de chaque sarment, comme nombre et genre de bouture, puis se conformer strictement aux règles suivantes : 1° supprimer tout bois inutile au-dessous de l'œil ; c'est la partie décroissante, située au-dessous du bourgeon, qui contient les fibres dépendantes du bourgeon, fibres qui auraient produit l'accroissement du bois si elles étaient restées en contact avec le cambium du mérithalle inférieur, mais qui deviendront racines, mises en contact avec la terre. Toute partie de bois dépassant inférieurement ce faisceau fibreux et l'isolant du sol est inutile et crée un obstacle à l'enracinement, de plus, il devient un foyer de pourriture. Le bois situé au-dessus du bourgeon peut et doit avoir plus de longueur, car son rôle est celui d'un corps inerte, protégeant le travail qui se fait dans le bourgeon supérieur, arrêtant l'évaporation et favorisant ainsi l'enracinement La longueur de 40 à 50 centimètres est généralement *acceptée* et *exigée* pour la vente ; ce n'est pourtant pas la plus pratique. Le sacrifice de la longueur à la grosseur, donnerait un meilleur résultat. Une bouture à quatre yeux de 40 centimètres peut reprendre dans n'importe quelle condition. Le nombre d'yeux est subordonné à la longueur des mérithalles, tellement longs sur les espèces vigoureuses que c'est à peine si l'on trouve sur une longueur de 50 centimètres les quatre yeux qui sont considérés comme nécessaires. Comme grosseur, les boutures doivent être divisées en trois catégories.

La première comprendra les boutures de diamètres supérieurs à 7 millimètres, propres à la plantation en place, greffables au bout de l'année. Plantées en pépinière elles peuvent être greffées sur table à un an, passer une seconde année en pépinière et être mises en place à deux ans révolus, prêtes à produire.

La seconde catégorie, de 4 à 7 millimètres exclusivement, peut être plantée en pépinière, pour être greffée sur table, sitôt le diamètre nécessaire obtenu, remise en pépinière, et enfin en place à sa troisiéme année. La plantation de grosses boutures avance la fructification d'un an, soit que la plantation et la soudure se fassent en place, soit qu'elles se fassent en pépinière.

La troisième catégorie, inférieure à 4 millimètres, doit être traitée selon la valeur de l'espèce ; comme porte-greffe, on l'attendrait bien longtemps, ce n'est donc qu'en vue de la multiplication que ces boutures de rebut ont de l'intérêt. Toute bouture fraîche, bien aoûtée, même à un œil, est susceptible de s'enraciner, et la vigueur du plant produit dépend de la force des bourgeons et non de leur nombre. Une belle bouture à un ou deux yeux, donnera un plus beau plant, qu'une longue bouture mince, mais cette dernière s'enracinera plus facilement.

Les boutures coupées, triées, mises en paquets, seront enfouies dans le sable. Le degré d'humidité de ce sable est important ; trop sec, la bouture cèderait sa sève au voisin absorbant, trop mouillé, le sarment emprunterait au sable l'eau dont il n'a que faire pendant son repos, et si la chaleur coïncidait avec cet excès d'humidité, la végétation pourrait commencer et finir dans la pourriture sans avoir vu le jour. Si le froid continuait sur cet excès d'humidité, les bourgeons pourriraient, moisiraient et la reprise des boutures serait à peu près nulle. Il faut donc que l'humidité du sable soit égale à celle des sarments, afin que ce sable agisse comme couverture isolante, sans échange ni égalisation d'humidité. La plupart des mécomptes donnés par des boutures achetées, tiennent à une mauvaise *stratification* ou a des stratifications répétées. Ce mot s'applique plus particulièrement au mode de conservation qui consiste à superposer des couches épaisses de sable et des couches minces de sarments, afin de mettre toutes les surfaces des sarments en contact avec le sable. C'est là le mode de conservation idéal, mais il prend trop de place et trop de temps pour être applicable en grande culture ; puis on risque d'arracher les bourgeons en les sortant du sable. On évite en partie ce danger en plaçant transversalement entre chaque couche de sarments de longues branches flexibles, ou mieux encore des sarments communs, dont les extrémités, restées libres, serviront à dégager doucement les sarments du sable, sans compromettre les bourgeons. En grand, ce système n'est pas pratique, et il faut stratifier des paquets de sarments au lieu de stratifier des sarments isolés ; superposer des couches de sable, des couches de paquets, sans craindre la grande accumulation. Au contraire, plus la masse totale sera grande, plus il sera facile de maintenir l'humidité voulue, les surfaces étant comparativement moindres pour les grands tas que pour les petits. On a essayé des fossés en plein air, des silos, le mieux est un local sombre, sain, suffisamment ventilé et gardant une température à peu près uniforme : un magasin vide ou un chaix réuniraient ces conditions parce qu'une grande masse de sable dans un local de ce genre, ne demandera qu'un bassinage de temps en temps pour conserver le degré d'humidité primitif.

Il est préférable de faire voyager de suite les sarments qui doivent être employés au loin, car ils sont durcis par l'air extérieur et la sève est dans un repos absolu. Une fois amollis et réchauffés par la stratification, il ne faut plus les exposer à l'air que pour les planter, et cela le moins longtemps possible. C'est pourquoi il faut autant que possible acheter les boutures au moment de la taille et s'en livrer de suite, afin d'éviter une double stratification. Les plantations se font en place ou en pépinière, selon qu'il s'agit d'une variété à reprise facile ou difficile, selon la nature du terrain et le temps que l'on peut attendre la fructification. Laissons de côté, quant à présent, les estivalis et leurs difficultés de multiplication pour nous occuper de la plantation en général et de celle des porte-greffes en particulier, tels que Taylors, Riparias, Vialla, aussi faciles de reprises que la vigne française.

L'expérience nous apprend : 1° qu'un sarment planté en terre non ameublie reprend peu, ou mal ; 2° qu'une vigne ne prend son essor que lorsqu'elle rencontre le sous-sol solide ; 3° qu'une plantation en sol profondément ameubli est plus brillante à son début que par la suite. Voici les conclusions à tirer de ce qui précède : 1° L'ameublissement ne saurait être trop parfait *autour du sarment planté*, tant pour parer à la sécheresse que pour créer un milieu favorable aux jeunes racines ; 2° qu'un ameublissement trop profond ne favorise pas l'immobilisation des grosses racines, immobilisation nécessaire à la vigne qui est portée, par sa nature, à fixer solidement ses racines jusque dans les fissures des rochers ; 3° que ce trop grand ameublissement attire les racines à la surface du sol, où elles subissent toutes les alternatives de sécheresse, de froid, de chaleur, au lieu de s'enfoncer dans le sous-sol à l'abri des variations de température, d'humidité comme de sécheresse. Pour planter en place il faut donc un défoncement de 40 à 45 centimètres, avec un ameublissement superficiel complet et maintenu tel, au moins pendant les premières années.

On trace les rangs au moyen de chaînes à nœuds, la chaîne donnant la place des rangs et les nœuds celle des plants dans les rangs : deux hommes maintiennent la chaîne pendant que d'autres plantent un sarment en face de chaque nœud en ne laissant qu'un œil au-dessus du sol. On presse la terre autour du sarment depuis le fond du trou jusqu'au bord supérieur, afin que le sarment soit en contact avec la terre sur toute sa longueur, puis on le recouvre entièrement de terre bien pulvérisée. Autrefois, du temps où il fallait huit ans pour voir une grappe, on s'appliquait à laisser dehors la partie des sarments qui devait former la souche ; c'était une erreur, mais peu importe ; nous en sommes aux porte-greffes dont la tête sera abattue au moment du greffage. L'essentiel est donc d'assurer reprise et vigueur. Plantant en place, pour greffer à un an, les boutures devront avoir au maximum 50 centimètres, en moyenne 45, et 35 serait un minimum au-dessous duquel il ne faudrait pas descendre. Le diamètre est plus important encore, il ne devra pas être inférieur à 5 centimètres.

La plantation de boutures que l'on greffera à un an, est le plus rapide des procédés ; avec de bons soins et un *très bon* terrain on obtiendra une récolte dès l'année qui suivra le greffage. Ce greffage, pour réussir, demande beaucoup de soin, car cette grande précocité ne s'est produite jusqu'ici, qu'à cette condition et en très bon terrain. C'est évidemment le plus court chemin pour reconstituer un vignoble.

Les boutures d'un diamètre inférieur à 7 millimètres mais supérieur à 4 millimètres peuvent être mises en place ; mais comme elles ne pourront être greffées qu'à deux ans elles seront aussi bien en pépinière. C'est un compte à faire entre l'emploi inutile de la terre pendant un an et les frais de double plantation, tant en enracinés qu'en boutures ; enfin, les boutures d'un diamètre inférieur à 4 millimètres devront toujours passer une année ou deux en pépinière.

La greffe est opportune *dès qu'elle est possible* ; il est avantageux de greffer jeune d'abord parce que la reprise est plus facile, et ensuite parce que la fertilité ne date pas de la plantation, mais bien de la greffe qui hâte la fructification en ralentissant le cours de la sève.

La plantation en pépinière de boutures américaines à reprise facile ne diffère en rien de celle des boutures françaises ; le terrain doit être léger, sablonneux, riche en humus bien décomposé. La préparation doit être parfaite comme ameublissement, et les lignes assez écartées pour pouvoir passer entre elles une ratissoire, ou un petit cultivateur, tandis que pour compenser cette perte de terrain, les plants seront à 10 ou 15 centimètres dans le rang. Il s'agit, bien entendu, de pépinière de plusieurs hectares, où il y a à tenir compte du prix des façons. Il y aurait, au contraire, économie d'eau et de main d'œuvre à serrer les rangs d'une petite pépinière cultivée à bras d'hommes.

La pépinière étant tracée on ouvrira une tranchée inclinée en dehors, on appuiera un rang de sarments contre cette surface inclinée de manière à ce qu'elle ne soit dépassée que d'un seul œil. Après avoir soigneusement recouvert ces plants avec de la terre finement pulvérisée, avoir pressé fortement cette terre autour des sarments pour obtenir le *contact continu* et la *fixité*, on recouvrira entièrement les sarments et cela avec la terre retirée de la tranchée suivante, et ainsi de suite. Le succès de la pépinière sera subordonné à la température, la pluie au début ou pendant la plantation est nuisible : la sécheres e, plus à craindre encore au début de la végétation, sera efficacement combattue par des binages et des sarclages continuels.

Grande pépinière arrosée

Le terrain sera divisé en planches d'un mètre afin de pouvoir être cultivé à la charrue. Des rigoles suivront les rangs, disposés sur le versant de chaque planche. Si l'eau est rare, on devra diviser le terrain en planches de 30 centimètres seulement, séparées par la rigole d'arrosage, les sarments seront plantés profondément, sur les deux versants des rigoles et inclinés de manière à ce que leur extrémité inférieure s'avance sous la rigole et profite de l'arrosage.

Il est plus utile d'arroser *beaucoup* que *souvent*, afin de pouvoir biner les rigoles entre les arrosages pour empêcher la terre, par sa cohésion, de transmettre trop de chaleur aux racines, et de provoquer ainsi l'évaporation au détriment de ces dernières. La majorité des arroseurs ignorent le *modus operandi* de l'élément qu'ils distribuent, et sont bien loin de soupçonner son analogie avec les trains de lait et de marée qui s'engouffrent chaque matin dans la capitale. Nous savons que les plantes absorbent au moyen des spongioles de leurs racines les éléments solubles du sol ; mais comment ces éléments *immobiles* sont-ils mis en contact avec une spongiole qui devient également immobile dès que le manque de nourriture enraye l'allongement de la racine dont elle forme l'extrémité ? Il y a là un cercle vicieux : la nourriture manque parce que la racine ne s'allonge pas, la racine ne s'allonge pas parce que la nourriture manque. C'est l'eau qui rompt ce cercle sans issue, par sa fluidité, par sa propriété de dissoudre certains minéraux, et enfin par sa faculté de reprendre son niveau en quelque milieu qu'elle se trouve. Grâce à ces propriétés de l'eau, la racine est sans cesse approvisionnée. A mesure qu'elle appauvrit la terre avec laquelle elle est en contact, cette terre est enrichie à nouveau par la loi d'égalisation chimique et mécanique qui gouverne l'action des liquides, et c'est ainsi que la plante est nourrie aux dépens d'éléments, que sa racine n'aurait jamais pu atteindre sans cette intervention liquide. La plante non arrosée vit des éléments à peine dissous qu'elle arrache à la terre sèche qui l'entoure, et quand elle a épuisé son voisinage immédiat, elle ne végète qu'autant qu'il lui reste assez de vie pour s'allonger et chercher plus loin.

La plante arrosée nage, au contraire, dans l'élément nutritif comme le poussin dans l'œuf ; l'eau met à portée de ses spongioles, non-seulement les éléments immédiatement voisins et facilement absorbables, mais agissant aussi comme véhicule, lui apporte ce qu'elle ne pourrait atteindre par la longueur de ses racines. Bref, la plante est dans la situation d'une chèvre attachée au piquet, à laquelle on apporterait toute l'herbe qu'elle ne peut atteindre, tandis que la plante non arrosée vit comme la chèvre libre dans la montagne, elle peut aller manger ce qu'elle trouve, mais elle meurt de faim si elle ne trouve rien. Il tombe sous le sens qu'il ne faut pas que la jeune plante arrosée, si bien et si passivement approvisionnée, puisse être subitement privée de ces ressources faciles, car ses racines perdues dans les délices, ne seraient plus aptes à chercher une vie difficile. C'est pour cela qu'il faut arroser profondément et cultiver la surface afin d'éviter à la plante les alternatives d'abondance et de famine, résultant d'un arrosage superficiel, suivi d'un rapide dessèchement. Pour ces motifs, si les arrosements devaient cesser un jour, il vaudrait mieux ne les avoir jamais commencés. Ces arrosages et ces binages devront être continués jusqu'après la sève d'août ; à cette époque, l'eau doit devenir plus rare, afin de préparer les jeunes plants à l'aoûtement ou maturation du bois ; il est utile que la végétation se ralentisse pour produire la concentration de sève nécessaire pour compléter et parfaire l'organisation des vaisseaux. Cette action ne s'accomplirait pas si la végétation était surexcitée et dépassait la limite de saison que la nature lui assigne. La gelée tomberait brusquement sur ces tiges encore herbacées et les détruirait complètement ; l'aoûtement étant un état nécessaire pour que le bois résiste à la gelée, et pour que la vitalité traverse le repos de l'hiver sans s'amoindrir.

Nous avons fait trois classes de boutures et étudié les deux premières ; reprenons la troisième catégorie qui n'a d'intérêt que si ces boutures appartiennent à une espèce que l'on tient très particulièrement à multiplier. Dans ce cas un triage est à faire selon un ensemble de qualités où tout entre en compte et en compensation : grosseur, longueur, qualité et surtout valeur de l'espèce.

Ainsi dans une variété ordinaire, on se borne à choisir les boutures assez longues, assez grosses, pouvant être plantées en pépinière, en serrant les rangs un peu plus ; mais si la variété est rare, le second choix méritera les honneurs de la pépinière, et demandera une plantation d'autant plus soignée que les bois seront inférieurs ou inégaux. Quant au rebut ce n'est qu'en serre qu'on peut espérer en tirer parti, et encore....

Variétés américaines à produits directs

Comme exécution, la plantation des boutures en place est exactement la même que pour les espèces précédentes, mais la réussite varie esssentiellement ; j'ai vu reprendre 100 jacquez sur 100 boutures plantées ; j'ai entendu parler de 90 0|0 de reprise sur de grands nombres, mais je ne l'ai pas vu, et le résultat le plus clair de mes observations est, que pour planter régulièrement une vigne d'estivalis, il faut : 1° planter les quelques estivalis qu'on a obtenus en pépinière ; 2° faire des greffes d'après l'excellent système de M. Millardet, système qui consiste à donner une racine provisoire, une nourrice à la bouture réfractaire ; 3° acheter de beaux enracinés, provenant, si c'est possible, de boutures à un œil, à cause de l'avenir assuré de ce plant bien constitué, mais si rare à cause des difficultés de ce genre de multiplication. La plantation de plants achetés sera de beaucoup le meilleur moyen dès que les producteurs en seront arrivés à vendre les plants d'estivalis par millions à des prix inférieurs ou ne dépassant pas 25 centimes l'un.

Arrachage des pépinières

Une fois les bois et les racines bien aoûtés, il faut arracher les pépinières, en commençant par faire une tranchée devant la dernière rangée de plants, et faisant tomber la terre dans cette tranchée de manière à dégarnir les racines *sans les casser*, au lieu de leur appliquer le mot : arracher, dans son sens brutal. Après un triage par qualité et par grosseur, et la mise en paquets comptés, les plants seront enmagasinés à côté des boutures, mais arrangés différemment. Une banquette de sable étant préparée, on y placera les racinés comme pour les stratifier, rangeant les collets un peu en dedans du bord de la banquette de manière à ce que les ramifications dépassent le bord de cette banquette, une couche de racinés, une couche de sable et ainsi de suite, sans craindre la hauteur du tas ; se méfier grandement de l'humidité, de la moisissure et des petits morceaux de bois de provenance variée qui pourraient engendrer cette dernière et féroce ennemie.

Plantation des enracinés.

La préparation de la terre est la même que pour les boutures, le procédé pour tracer aussi; il y a deux sortes de trous, celui de 50 centimètres sur 50, fait à l'avance. et celui fait en trois coups de bêche le long de la chaîne au moment de mettre en terre. Ce dernier suffit amplement du moment que la racine a de la place et trouve à s'établir dans la terre meuble.

Les plants ont dû être nettoyés une première fois avant d'être mis en jauge. Cette opération, qui consiste à enlever toutes les parties avariées, devra être répétée au moment de la plantation plus sévèrement encore, le sarment destiné à former la souche sera raccourci : les autres seront supprimés, les racines devront être raccourcies d'un tiers, si elles sont fortes , de la moitié si elle sont très longues; mais seulement rafraîchies aux extrémités si elles sont rares. Cette toilette des plantes sera faite rapidement à mesure qu'on les sort du sable. Après avoir trempé les racines dans de l'eau propre, les avoir saupoudrées de terre finement pulvérisée, on les mettra avec du sable dans des caisses bien couvertes, pour les transporter à la vigne. Le pralinage des racines a deux bons effets : 1° de les soustraire à l'action de l'air pendant le transport ; 2° de maintenir la fraîcheur des sections, faites dans ce but, au dernier moment ; 3° d'augmenter l'adhérenee immédiate de la racine à la terre par l'adhérence qui lie le pralinage aux racines. Les plants ne seront sortis de la caisse qu'à mesure de leur plantation, sans les exposer à l'air, car chaque racine désséchée est perdue et à refaire : pourquoi imposer ce travail inutile au jeune plant ? Il est essentiel de placer le collet à une profondeur invariable et convenable, sans se régler sur la longueur des racines ni sur celle de la tige, également variables : cette profondeur doit être d'environ 30 centimètres, et peut être moindre sans inconvénient ; le jeune plant sera fortement butté, et la terre de ce buttage tenue très meuble ; je repète souvent ces mots d'ameublissement, de buttage, mais ils expriment les meilleures conditions de réussite.

C'est au moyen de ces opérations que l'on triomphe de la sécheresse, en rompant la conductibilité de la terre qui provoquerait l'évaporation en conduisant la chaleur aux racines. C'est aussi la sauvegarde contre l'excès d'humidité, car le buttage se draine et l'ameublissement facilite la circulation de l'air.

Le greffage est opportun dès qu'il est possible ; ceci est encore la répétition d'une chose vraie, son but est unique, mais ses procédés sont multiples, surbordonnés à l'âge de la souche. A un an, la greffe anglaise à double fente est la plus praticable, mais elle demande des précautions infinies pour que toutes les surfaces soient soudées autrement qu'en apparence ; les pseudo-soudures ont donné bien des mécomptes et ont fait revenir bien des viticulteurs à la simple greffe en fente, malgré ses difficultés de solidité sur les jeunes bois. A deux ans, la greffe en fente devient préférable ; à cet âge on fend la souche sur tout son diamètre, tandis que les souches plus âgées ne sont fendues que sur leur rayon

On ne peut guère décrire exactement le procédé par lequel un greffeur et deux aides greffent 500 souches par jour, avec une reprise probable de 90 0[0, ils se servent d'un petit ciseau à section triangulaire, dont un côté forme un large dos, tandis que l'autre côté et le bout sont tranchants. Il est aussi difficile d'expliquer le mouvement par lequel le greffeur enfonce son ciseau dans la souche coupée, le dos de l'instrument parallèle à l'écorce, venant compléter la circonférence à mesure qu'il la rompt. Puis, comment il fait basculer le ciseau en arrière, pour faire place au greffon tout en maintenant l'ouverture de la fente pour ajuster ce dernier. Il y a là un tour de main difficile à exécuter, encore plus difficile à décrire, d'où dépend le succès. Quand la souche est forte, la ligature est inutile, mais elle est absolument nécessaire pour les souches faibles, comme pour la greffe anglaise. La ficelle et le raphia sulfatés sont préférables au fil de fer, au caoutchouc, etc. Pour recouvrir les plaies aucun mastic artificiel ne vaut la terre glaise. Les soins à donner après l'opération sont les mêmes pour tous les genres de greffes : buttage pour recouvrir entièrement le greffon ; ameublissement complet de ce buttage ; suppression continuelle des rejets du porte-greffe à mesure qu'ils apparaissent autour du greffon sans toutefois ébranler ce dernier, car ces drageons compromettent son existence. Un mot sur le greffon, qui doit être sain, ni trop gros, ni trop petit. Avoir au moins trois yeux, quoique théoriquement deux suffisent ; l'usage est d'en laisser plusieurs, le plus souvent le premier bourgeon qui se développe sèche ; on est heureux alors de pouvoir compter sur un second et même sur un troisième. C'est en général le plus bas, le dernier parti, qui prospère, et parfois les greffons ne partent sérieusement qu'à la sève d'août, après avoir perdu au printemps quelques pousses éphémères. C'est un retard qui prive le greffon de trois mois de végétation, et peut retarder la mise à fruit ; les greffons doivent être taillés au moment de la mise en place ; dans la greffe anglaise cette taille est la répétition intervertie de celle du porte-greffe ; soit un long biseau refendu, les languettes de l'un s'enfonçant dans les fentes de l'autre. Je renvoie mes lecteurs à l'excellent ouvrage de Mme Pousot pour ce qui touche la greffe anglaise, pour m'occuper de la greffe en fente, plus spéciale à ma région, surtout plus expérimentée. Le greffon est taillé en un biseau triangulaire, dont la section présente deux lignes droites et un segment de cercle. Le biseau pénètre dans la fente de la souche ; ses surfaces planes s'appliquent exactement contre les côtés intérieurs de la fente et le segment de cercle complète la circonférence de la section que la fente a rendue incomplète. En taillant le greffon, les deux coups de serpette attaquent chacun un tiers de la circonférence et se rejoignent à l'extrémité inférieure du greffon, formant ainsi le coin qui doit pénétrer jusqu'au fond de la fente de la souche. Avant de quitter la greffe, répétons que la réussite dépend du contact parfait des écorces sur un ou plusieurs points ; ce contact peut ne pas exister *partout* pourvu *qu'il soit parfait quelque part*. Mes lecteurs réussiront s'ils ne perdent pas de vue ce *point de contact parfait*. La température a une influence énorme sur le succès, une humidité tardive et froide fait plus de mal encore que la sécheresse, c'est pourquoi l'avantage reste aux greffes faites à la fin du printemps en terres légères et ameublies. Il est incontestable que certains cépages reprennent plus difficilement sur certains autres, on attribue cela à des affinités mystérieuses, même à des assortiments de nuance! La vérité est que les époques de végétation coïncident plus ou moins entre différents porte-greffes et greffons. L'observation patiente des phénomènes qui se produisent à cette époque décisive, conduiront à découvrir les principes d'après lesquels on pourra agir avec certitude. Je pressens ces principes plus que je ne les connais encore, mes observations personnelles jusqu'ici se bornent à ce fait : que dans des conditions spéciales toutes les combinaisons d'espèces entre porte-greffes et greffons sont possibles, donc que chacun doit chercher à déduire une théorie des faits, contradictoires en apparence, qui se produisent chaque année, et, l'un aidant l'autre, notre nouvelle viticulture s'édifiera et grandira en raison de notre courage et de la persistance de nos efforts.

La greffe destinée à s'affranchir est contraire à tous les principes d'une saine viticulture, parce que le porte-greffe s'étouffe ou plutôt s'affame sous cet intrus, qui agit avec elle comme l'indiscret coucou pondant son œuf dans un nid de fauvette. En effet les racines du greffon affranchi interceptent le retour de la sève à la racine qui l'avait créée et envoyée au greffon. Cette racine étouffée se désorganise et c'est dans ce milieu malsain que les jeunes racines se forment ; il y a momentanément trois bonnes raisons pour oublier cet inconvénient : 1° le motif économique, car cette transformation nous rend en dix-huit mois une vigne fertile et devenue résistante ; 2° la facilité de multiplier rapidement des bois rares, et enfin, 3° de pouvoir greffer une espèce américaine à reprise difficile, ou à racines délicates sur un porte-greffe américain à reprise facile et à racines vigoureuses. La greffe recommandée par M. Millardet, répond à cette intention et je renvoie mes lecteurs aux conseils contenus dans les ouvrages de l'éminent professeur. Du reste les trois motifs énoncés ci-dessus sont également éphémères : bientôt il ne restera plus de vignes françaises à transformer, et on dominera les difficultés de la multiplication ; enfin, espérons que nous trouverons le trèfle à quatre feuilles, sous la forme désirée d'une vigne résistante, à reprise facile, produisant de grosses grappes et de bons raisins à gros grains. On entrevoit déjà à l'horizon de nouvelles étoiles, dirigeons nos efforts de leur côté ; sans négliger ni mépriser ce qui est dejà acquis, car entre quelques plants à produits directs et les porte-greffes américains il y a certes de quoi ramener la fortune à nos provinces désolées.

Les cépages américains ne sont fertiles que taillés à longs bois, et de même que pour les espèces françaises, la production augmente avec l'allongement de la taille, et avec la distinction constante faite entre la branche à fruits et la branche à bois, il est positif que la *vigueur* et la *fertilité*, ne se concilient sans se nuire, qu'autant que les branches à fruits et les branches à bois sont tenues distinctes et sont traitées dans des sens aussi diamétralement opposés que le sont leurs exigences. En effet, moins il reste de bourgeons sur un sarment plus les sarments issus de ces bourgeons sont vigoureux : mais leur vigueur même exclut la fertilité parce que la *production normale des bourgeons est la feuille, tandis que les fleurs et les fruits ne sont que des feuilles avortées.* Il est évident, d'après ce principe, que les sarments très vigoureux produiront plus de feuilles que de fleurs et que les quelques fleurs produites couleront plus sûrement que si un plus grand nombre d'yeux absorbait la sève. De plus les bourgeons fructifères ne sont pas les plus rapprochés de la souche, surtout dans les variétés de bonne qualité et à petit rendement. C'est à cause de ce qui précède qu'un sarment à deux yeux donnera plus de bois que de fruits, tandis que la branche à fruit, munie de plusieurs yeux, s'épuisera tellement par son abondante fructification qu'il faudra la supprimer entièrement à la taille d'hiver et établir la nouvelle taille sur les deux *beaux sarments* produits par les deux bourgeons de la branche à bois. Le bourgeon le plus bas sera taillé à deux yeux pour former une nouvelle branche à bois ; le plus haut à quatre, six, dix yeux et même plus, pour former la nouvelle branche à fruits. Plus l'espèce du cépage est distinguée, plus on doit allonger la branche à fruits. Dans les espèces communes, au contraire, il faut tenir la branche à fruits plus courte, car les produits déjà faibles, plats, et abondants de ces espèces augmenteraient en platitude et en faiblesse dans une proportion telle qu'elle balancerait les avantages de cette production exagérée.

La juste proportion est atteinte dans la longueur de la taille, quand les sections s'agrandissent légèrement d'une année sur l'autre et qu'aucun bourgeon adventice, ne surgit sous la taille. En effet, si la taille est trop longue, la souche épuisée fournira des sarments de plus en plus minces et mal nourris ; si, au contraire, elle est trop courte, la sève non utilisée crèvera l'écorce sous cette taille, et se répandra en sarments irréguliers et stériles, absorbant en pure perte une sève qui aurait été utilisée par une taille rationnelle. Ce qui précède est un exposé sommaire et à peu près exact de la taille proposée par le Dr Guyot, taille qui s'accorde avec les lois qui règlent la végétation et avec le bon sens. Depuis peu on commence à comprendre que les refoulements de sève qu'occasionne la taille courte font plus de mal à la souche que la fatigue d'une très longue taille fertile; scientifiquement parlant, cette fatigue n'existe pas, mais en admettant son existence elle serait largement compensée par une grande production. Nous pourrions caractériser ces deux fatigues ainsi qu'il suit : fatigue par taille courte, fatigue stérile ; fatigue par taille longue, fatigue féconde. Mais nous ne serions pas encore dans le vrai, car la nature ne produit que ce qu'elle peut produire ; et elle le produirait longtemps si elle était libre; comme elle ne l'est pas dans le cas qui nous occupe, il faut que l'homme intervienne discrètement, non pour la rendre avare, mais prévoyante, en l'obligeant à préparer le renouvellement *annuel* de ses produits, en lui assurant une succession *annuelle* de bourgeons vigoureux ; tout cela revient à dire que l'exubérance de la branche à fruit est sans inconvénient, tant que nous maintenons notre branche à bois taillée à deux yeux, et que, d'une année sur l'autre, sa section ne présente aucune diminution de diamètre. A ceux qui persisteraient dans la théorie de l'usure de la souche par la taille longue, nous n'avons qu'à conseiller une statistique, une comparaison précise de la longévité des mûriers nains avec celle des mûriers à haute tige de la région séricicole ; si cette statistique conclut à une longévité plus grande, même aussi grande, chez les mûriers *raccourcis* que chez les mûriers *allongés*; nous irons au-delà des mers invoquer en Chine l'exemple des chênes qui y vivent dans de jolis petits pots en porcelaine; nous y verrons ce roi des forêts réduit en cet état par une taille courte bien raisonnée pour la plus grande gloire des horticulteurs du Céleste-Empire, capables d'amener un grand arbre à l'état d'arbuste d'appartement, incapables d'élever le rosier aux dignités de la haute futaie; tant il est vrai que l'homme restreint l'œuvre de la nature, quand il ne sait pas la respecter.

Outre les ennemis conscients et les théories fausses qui la combattent, la taille longue a des ennemis plus sérieux: ce sont les amis qui l'appliquent sans la comprendre, surtout sans comprendre l'organisation et le mécanisme végétal.

Les végétaux ligneux ont tous une racine, qui, intervertie dans sa direction, figurerait un arbre sans feuilles; quand cette racine conserve sa direction et reste unie à sa tige, elle représente un arbre sans feuilles, *la cime en bas*; regardons plus attentivement et nous verrons, que, sauf des effets de taille ou d'accidents, les plus grosses racines correspondent avec les plus grosses branches. Enfin, si nous prenons des verres grossissants, nous pourrons voir des vaisseaux suivant parallèlement, mais avec indépendance, leur chemin pour se diviser entre les différentes branches aériennes et radicoles, en atteindre les extrémités dans des directions identiques, mais renversées, toutes ces fibres convergeant vers la base du tronc, pour en rayonner ensuite à nouveau. Ceci établi, mon lecteur acceptera sans peine, je l'espère, que chaque portant d'une souche correspond à des racines qui lui sont propres, et que par conséquent la taille longue qui consiste à allonger chaque portant *à son tour*, en le rabattant l'année suivante, fait coïncider la présence d'une longue branche à fruits avec l'insuffisance de la racine correspondante, tandis que l'année suivante, la racine qui s'était développée à la hâte pour se mettre à la hauteur de cette fonction imprévue se trouverait suffisante ; mais alors cette suffisance coïnciderait avec l'absence de la longue branche à fruits, puisque cette dernière aurait été reportée sur le portant voisin, pour y rencontrer la même insuffisance de racines que la précédente. Ce système d'allonger successivement chaque portant pour la raccourcir l'année suivante, épuisant successivement des racines insuffisantes pour en faire périr d'autres par refoulement de sève, n'est pas la taille longue dont elle porte le nom. C'est la pratique des élucubrations de gens qui veulent gouverner la nature sans la connaître.

On ne doit pas non plus allonger subitement la taille ; ce qui est vrai pour un portant est vrai pour toute la souche. L'allongement doit être progressif, afin que l'accroissement des racines puisse suivre le mouvement.

Enfin, pas plus qu'on ne peut imposer le même travail à tous les animaux, la taille ne peut être une et unique pour toutes les souches ; elle ne peut même pas être réduite en théorie pour chaque âge, etc. Chaque souche doit être examinée attentivement, afin de s'assurer que le diamètre de ses sections ne diminue pas et si des bourgeons adventices ne se développent pas. Le premier cas se produit quand la sève est insuffisante ; on devra par conséquent raccourcir les branches à fruits, et au besoin réduire le nombre des portants ; dans le second cas, il y a surabondance de sève, on devra d'abord augmenter le nombre des portants puis allonger les branches à fruits pour utiliser toute la sève.

Enfin finissons cette étude par les paroles d'un viticulteur américain, qui écrivait longtemps avant que l'existence du phylloxera ne fût connue : « Les rayons médullaires s'élargissent peu à peu sous l'influence de la taille courte pratiquée par les Européens ; qui sait si l'élargissement progressif des tissus cellulaires ne rendra pas la vigne indigène accessible à des maladies jusqu'ici inconnues ? »

Théories relatives à la transplantation

Le rôle de la racine est d'absorber les principes nutritifs, sous forme liquide ou gazeuse et aussi de fixer solidement la plante au sol ; cette solidité est indispensable pour assurer le fonctionnement des organes.

Les racines n'absorbent pas la nourriture par leur surface totale, mais seulement par des extrémités appelées spongioles. Donc la conservation de ces spongioles est strictement nécessaire à la reprise du sujet transplanté. Une spongiole est composée d'un très jeune tissu vasculaire entouré de substance cellulaire également très jeune.

Cette spongiole est donc délicate et facilement lésée, c'est pourquoi tout ce qui est nuisible aux plantes, le sera encore plus effectivement aux spongioles. Les organes ne choisissent pas leur nourriture mais absorbent forcément tout ce que la terre et l'air leur offrent sous forme suffisamment fluide pour traverser leurs tissus.

Les plantes ont la faculté de remplacer les spongioles accidentellement détruites par une nouvelle formation, qui demande la coopération de l'atmosphère et de forces vitales spéciales.

Si l'atmosphère est assez humide pour arrêter suffisamment l'évaporation, les spongioles auront le temps de se former; si l'atmosphère est sèche les pertes subies par évaporation seront tellement hors de proportion avec l'action réparatrice des spongioles avariées que le système entier sera épuisé de liquides et la plante aura péri avant la formation complète des nouvelles spongioles.

Ceci est la clé de la transplantation, opération qui consiste à enlever une plante du sol où elle végète pour la transporter dans un autre.

Si cette transplantation a lieu pendant le repos de la végétation, et que les spongioles ne reçoivent aucune atteinte, il n'y aura aucun ralentissement dans la végétation.

Si la transplantation est faite pendant la période de la végétation ou sur des sujets à feuilles persistantes, et que les spongioles ne soient pas endommagées, il y aura seulement le temps d'arrêt causé par la suspension de fonction des spongioles pendant l'acte même de la transplantation, et par la non suspension de la transpiration pendant le même laps de temps.

La transplantation pourrait donc avoir lieu en toutes saisons, et en toutes circonstances, si les spongioles *pouvaient être conservées dans leur intégrité*; mais comme il est impossible de sortir des racines de terre sans léser les spongioles, il faut obvier aux conséquences de ces accidents en évitant toute évaporation par les feuilles : or, comme cette évaporation ne peut se produire en leur absence, c'est pendant le repos de la végétation que cette opération devra avoir lieu, pour les arbres à feuilles caduques. Qant aux arbres verts toujours munis de leurs feuilles, la seule ressource est de faire la transplantation pendant une période de longue humidité qui ralentisse l'évaporation assez longtemps pour ue les spongioles détruites aient le temps de se reformer vant l'épuisement des liquides. Chez les sujets âgés, les pongioles se reforment si lentement, que la sève du ieux sujet est épuisée avant que cette nouvelle formaon ne vienne a la rescousse. En ce cas, l'amputation de a partie supérieure est le moyen le plus probable d'éloiner la mort en diminuant les surfaces d'évaporation. 'est le même principe que le recépage ou rajeunissenent des arbres, pratiqué dans le midi de la France. Dans es pays, l'évaporation est trop grande pour pouvoir être ontre-balancée par une formation suffisante de sponioles, le milieu y est défavorable à la production de ssus aussi délicats.

On rétablit ainsi l'équilibre entre l'évaporation par les euilles et l'absorption par les racines en supprimant les ranches supérieures. La diminution ainsi imposée à 'évaporation donne le temps aux spongioles de se former n quantités suffisantes.

Les plants en pots peuvent être transplantés en toutes aisons et sans danger parce que leurs spongioles sont arfaitement protégées pendant l'opération.

Théories relatives à la greffe

Les plantes sont des corps organisés composés de tisus perméables.

Les tissus sont composés de vésicules ou cellules, et le tubes, tantôt adhérents entre eux par leurs surfaces ontiguës, tantôt séparés par des vides longitudinaux. Le issu est appelé *cellulaire* quand il est formé par la réuion de petites vessies qui seraient sphériques si elles 'étaient déformées par la compression ou l'extension ;

les membranes étant très perméables dans le tissu nouvean et les cellules. imparfaitement unies, ce tissu possède dans sa jeunesse une grande faculté d'absorption.

Ce tissu cellulaire, appelé aussi parenchyme, constitue les parties molles et fragiles des plantes telles que la pulpe, la moëlle, les surfaces situées eutre les nervures des feuilles, les parties principales des pétales, des fleurs, etc.

Le tissu est appelé fibreux quand il est composé de tubes minces et coniques dont les deux extrémités sont également closes ; ces tubes sont placés côte à côte.

La fibre lign use est ce qui produit la ténacité et la dureté de certaines parties des plantes, aussi se trouve-t-elle dans les nervures des feuilles, dans l'écorce ; et c'est encore elle qui fournit l'élément principal du bois.

Le tissu vasculaire se compose de filaments tenaces et élastiques, s'enroulant en spirales dans l'intérieur des vaisseaux coniques, ou encore des cellules cylindriques, unies par leurs extrémités ; ces cellules deviennent tubes à la longue par la destruction des parois adhérentes qui les réunissent les unes aux autres par leurs extrémités. La forme la plus remarquable du tissu vasculaire est celle qui se présente dans le vaisseau spiral, qui a la faculté de se dérouler avec élasticité quand il est étiré par des circonstances extérieures ; les autres tissus vasculaires se casseraient s'ils étaient étirés de même. Les vaisseaux spiraux ne se trouvent jamais dans le bois ni dans l'écorce et rarement dans les racines des plantes. Les tissus vasculaires (autres que les vaisseaux spiraux) se trouvent dans les racines, les tiges, les nervures des feuilles, dans les pétales et autres dérivés des feuilles, mais pas dans l'écorce.

Les fonctions des tissus vasculaires sont de conduire l'air et les liquides, de recevoir et de conserver les sécrétions.

Le tissu cellulaire transporte les fluides dans toutes les directions surtout latéralement, les absorbe avec une grande rapidité et leur sert aussi de receptacle. C'est cette facilité à absorber et à conduire les fluides qui est la cause première des adhérences qui se produisent entre parties contiguës.

Les adhérences peuvent se produire pendant toute la période active de la végétation par le contact des tissus cellulaires de deux parties d'un même végétal, ou de parties de végétaux d'une même espèce ou d'espèces très voisines. En effet, pour que cette adhérence, qui est le but à atteindre par la greffe, se produise, deux conditions sont indispensables : 1° le contact des parties correspondantes des deux végétaux ; 2° l'analogie d'espèce entre ces deux végétaux : il faut en effet qu'ils appartiennent *ou à la même espèce ou à des espèces très-voisines*.

Les fibres ligneuses transportent les liquides dans la direction de leur longueur ; ils communiquent la fermeté et la flexibilité à l'ensemble de la plante, et protègent les vaisseaux spiraux et autres vaisseaux délicats.

Les vaisseaux spiraux transportent de l'air oxidé.

Il est probable que les autres vaisseaux transportent des liquides dans leur jeunesse, et de l'air dans leur vieillesse.

Les tissus sont composés de corps simples et n'ont aucune ramification ; ils sont de formes régulières et pareils aux deux extrémités, ils peuvent transporter les gaz et les liquides dans toutes les directions avec plus ou moins de facilité : il en résulte que les courants peuvent être intervertis, et que des boutures pousseront, même, si elles sont plantées la tête en bas.

Le bois est composé de fibres ligneuses et de tissus vasculaires placés *longitudinalement* dans la substance cellulaire ; remarquons très spécialement que l'accroissement de ces fibres se produit *longitudinalement*, tandis que l'acroissement du tissu cellulaire se produit *horizontalement*. C'est cette circonstance qui explique comment le porte-greffe reçoit la sève descendante du greffon sans participer jamais à la nature de ce dernier, quoiqu'il en reçoive la vie et l'accroissement.

Un bourgeon est un rudiment de branche, il est d'abord nourri par les secrétions emmagasinées dans la moëlle, puis en s'allongeant il se met directement en communication avec la racine.

Si un bourgeon détaché est mis en contact direct avec le sol, il formera d'abord des racines puis une tige et deviendra une plante complète; si, au contraire, il reste sur la branche où il est né, les fibres qu'il enverra vers le sol, deviendront dans leurs parcours des fibres ligneuses et vasculaires, tandis que son développement supérieur donnera une branche. C'est pourquoi il est dit que le bois est formé par les racines des bourgeons. Il n'y aura d'accroissement pour le bois qu'autant qu'il y aura des bourgeons en végétation. Il est facile de se convaincre de cette vérité en supprimant les bourgeons supérieurs d'une branche, on ne verra cette branche grossir qu'à partir de l'endroit où les bourgeons n'auront pas été supprimés. Donc, la quantité de bois qui se forme est en raison de la quantité de bourgeons qui se développent au-dessus du point donné. Si un fragment de branches muni de un ou de plusieurs bourgeons est mis en terre, il s'enracinera, *ce sera une bouture*. Si un fragment pareil est inséré dans la fente d'une branche coupée, on dans un tronc coupé horizontalement et fendu, ce sera un greffon, et l'opération sera la greffe, il n'y a donc guère de différence entre une bouture et un greffon; le mode de développement est le même, le milieu seul est différent, l'un tire la nourriture de la terre et l'autre du porte-greffe.

Un fragment de branche sans bourgeons, qui serait mis dans les mêmes conditions, ne végèterait pas mais sécherait ; car la branche sans bourgeons, c'est le corps sans l'âme. Il existe des *bourgeons latents et invisibles* à l'œil ; leur développement imprévu semble donner tort au principe ci-dessus, mais la vérité est que si ce bourgeon inconnu se développe, *c'est qu'il existe* et que jusqu'au moment où il se développe, il n'existe qu'à l'état rudimentaire.

Donc, un greffon est une bouture plantée dans le bois d'un porte-greffe et il y occupe exactement la place qu'auraient occupée les fibres des bourgeons propres du porte-greffe, si, au lieu de porter un greffon, ce dernier avait porté ses propres branches.

Sitôt que l'union du greffon avec le porte-greffe est produite, le greffon recouvre le porte-greffe de nouveau bois et amène ainsi la production de nouvelles racines.

Mais, répétons que le caractère propre de la matière ligneuse qui descend du greffon et qui vient ainsi recouvrir le porte-greffe est déterminé par la *substance cellulaire dont le développement est exclusivement horizontal*, et qu'il en résulte que le bois du porte-greffe conserve son cachet primitif en toutes choses, quoiqu'il soit produit et nourri par le greffon, que sa résistance au phylloxéra pas plus que ses conditions de végétation ne sont influencées par la non résistance ou les exigences de l'espèce du greffon.

L'union ou la soudure ne se produisent qu'entre tissus de natures similaires, il est indispensable que la juxtaposition soit parfaite entre chaque espèce de tissu, écorce contre écorce, cambium contre cambium, aubier contre aubier. Mais c'est surtout pour les deux cambiums que cette rencontre exacte est nécessaire, n'exista-t-elle que sur un seul point; car c'est au travers du cambium que passera la matière ligneuse en descendant du greffon ; et aussi parce que le cambium lui-même, étant une matière disposée à s'organiser, se prêtera plus qu'aucune autre partie à la soudure cherchée.

Il y a des végétaux sur lesquels la greffe réussit très facilement, d'autres ne l'acceptent que grâce à la stricte observation des principes ci-dessus énoncés ; d'autres, enfin, s'y refusent totalement.

La vigne comme le noyer, appartient à la seconde catégorie, elle accepte la greffe, moyennant que l'opération soit bien faite, en milieu favorable et que les circonstances extérieures favorisent sa reprise.

Théories relatives à la taille

Les fleurs sont des feuilles plus ou moins modifiées dans leurs formes et dans leurs adhérences mutuelles. Chaque fleur est composée d'un ou de plusieurs groupes de feuilles avortées formant calice et corolle. S'il ne se produit qu'une de ces deux enveloppes florales, ce sera le calice, généralement de couleur verte (exception : le Fuchsia). La corolle est ordinairement d'une couleur vive quelconque. La fleur est donc un axe entouré de feuilles et n'est en réalité qu'une branche avortée et privée de sa faculté d'allongement. La preuve que la fleur est un *groupe de feuilles avortées* se trouve dans les faits suivants : 1° les parties externes de la fleur reprennent fréquemment la forme des feuilles ; 2° les diverses parties de la fleur sont parfois interverties ; 3° en cas de végétation vivement stimulée, on a vu des fleurs s'allonger et reprendre la forme de branches feuillues.

La différence la plus essentielle gît dans les yeux ou bourgeons; ils restent dormants dans les aisselles des sépales, tandis qu'ils se développent quand ils sont situés dans les aisselles des feuilles.

Il y a dans les bourgeons d'une même plante de grandes différences de végétation. Certains bourgeons forment des branches qui s'allongent rapidement; d'autres forment à peine un bouquet de feuilles, d'autres encore restent dormants: il n'est donc pas étonnant qu'un degré d'avortement produise des bourgeons florifères sur des plantes de tout âge et dans toutes les situations.

Mais pour que les fleurs se produisent en abondance, il faut une cause prédisposante, constitutionnelle et indépendante des causes accidentelles qui peuvent survenir. Cette cause prédisposante ne saurait être autre qu'une accumulation de sève et de sécrétions.

Donc, tout ce qui aura pour effet de retarder le cours de la sève, de provoquer son accumulation, favorisera la formation des bourgeons florifères, et conséquemment la fertilité, tandis que tout ce qui produira une vigueur excessive dans la végétation et la dispersion de la sève empêchera l'élaboration de cette dernière et entraînera la stérilité. Ainsi, la transplantation avec destruction partielle des racines, une température élevée jointe à la sécheresse de l'atmosphère, l'obliquité ou l'inversion des rameaux, le pinçage constant des jeunes pousses, seront des circonstances favorables à l'accumulation et à l'épaississement de la sève, par conséquent favorables à la floraison ; mais une abondante fumure, une température élevée jointe à une grande humidité, l'activité de la circulation de la sève, favoriseront l'allongement des rameaux et la formation abondante des feuilles au détriment de la fertilité.

La greffe, dont les sections entravent le cours de la sève, hâte et augmente notablement la production des fruits.

La taille longue, qui laisse beaucoup de bourgeons à chaque portant, favorise également la production en accumulant et épaississant la sève, tandis que la taille courte, telle qu'elle est pratiquée dans le Midi, est un obstacle à la fertilité, parce que les deux bourgeons conservés reçoivent tant de sève qu'ils végètent rapidement et que l'avortement des rameaux ne peut se faire que par le ralentissement de la végétation. C'est en vertu de ces principes qu'il faut laisser beaucoup de bourgeons aux rameaux fructifères.

Le Mildiou et l'Anthracnose

A son arrivée en France, la vigne américaine a été brutalement jetée dans le moule de la viticulture française. Les Américains n'étant pas considérés comme des viticulteurs, leurs théories étaient sans valeurs. Si les Estivalis ne reprenaient pas de boutures, c'était la faute de ces novices; aussi des millions d'Estivalis ont-ils été ensevelis dans les pépinières françaises. En vertu du même système, le fumier nouveau, la taille courte, tout a conspiré contre ces malheureuses vignes jusqu'à ce qu'on se soit arrêté, surpris et effrayé, devant des fléaux nouveaux en France, mais connus et combattus en Amérique depuis des années : je veux parler du mildew, et du rot, qui effrayent à juste titre les rares viticulteurs qui acceptent le salut par la vigne américaine. A première vue se présente une question de localité, puis une question de variété. Plus le milieu semble prédisposant, plus l'espèce doit être choisie avec soin. Dans certains milieux sains et à température uniforme, tels que la région de l'olivier, le danger provient seulement des spores accidentelles ou de celles restées de l'année précédente. Je dois à cette région, peut-être aussi à ma scrupuleuse observance des théories américaines, de n'avoir aucune expérience personnelle des ravages du mildew ni du rot ; mais je sais que mes voisins ont employé un moyen efficace pour combattre l'année dernière les quelques attaques qui se sont produites chez eux, et qu'ils sont rassurés cette année. Un viticulteur américain disait en 1867 : « Les états atlantiques sont ravagés par deux ennemis tellement plus sérieux que tous les fléaux connus réunis ensemble, qu'ils méritent une considération toute spéciale. » Il ajoutait, « tout homme ayant pratiqué la vigne reconnaîtra à mes paroles le mildew, et le rot. »

Dès les temps reculés, le mildew a été un fléau pour l'agriculture. Dans les traductions anglaises de la Bible, nous trouvons que Dieu menaçait les Israélites de *blasting* et de *mildew*. Le prophète Amos le leur rappelle encore en ces termes : « Je vous ai frappés de sécheresse et de mildew ; et quand vos jardins, vos vignes, vos figuiers croissaient, lès sauterelles les ont détruits. » Dans son histoire des plantes, écrite 320 ans avant l'ère chrétienne, Théophraste parle clairement du mildew et des plantes auxquelles il s'attaque. Il affirme que ce mal est rare sur les coteaux, mais qu'il est destructif partout ou l'action salutaire du vent est entravée par les collines environnantes.

Les anciens attribuaient le mildew à des influences astronomiques ou au brouillard. Les Romains prenaient le brouillard lui-même pour un nuage de mildew et recommandaient les fumigations odorantes et acres dès qu'il apparaissait. La nature fungoïde du mildew a été signalée pour la première fois par Félice Fontana dans un ouvrage publié à Lucques en 1767 et intitulé : *La Ruggine del Géano.* Depuis, des observations miscroscopiques ont démontré qu'il y avait parmi ces parasites des variétés spéciales à chaque espèce de plante et que ces infiniments petits végétaux étaient organisés. Leurs racines pénètrent dans la feuille ; leur tige s'allonge, fleurit et mûrit ses graines dans cette existence éphémère, aussi régulièrement que le ferait un chêne de 500 ans. Le docteur Silliman cite dans l'*Horticulturist* un fragment des *transactions de l'académie des sciences de Saint-Louis* dans lequel le docteur Engelmann décrit deux espèces de cryptogames nuisibles aux vignes. V. II, page 165. « D'abord le *Botritis viticola de Berkley* qui apparaît vers la fin de juin sur la face inférieure des feuilles, à peu près en même temps que le mildew apparaît sur les pédoncules, puis sur les grains. » Le docteur Engelmann ajoute qu'il n'a jamais vu ce parasite attaquer des fruits mûrs (fullgrown). Les grains attaqués tombent, mais c'est sur les feuilles que se produit le plus grand dommage ; le brown rot est produit par un retard de maturation et par un manque de vitalité. Le black rot est causé par un cryptogame peu connu à cette époque, que le docteur Engelmann supposait appartenir au genre *némospora*, et qu'il aurait voulu nommer *ampélicida.*

« Ce dernier, contrairement au premier botritis, n'attaque le grain que parvenu à sa grosseur, et apparaît sous forme de petits corps sphériques, se formant sous l'épiderme, le soulevant, et le brisant pour livrer passage à un filament tortueux. Mouillé, ce filament devient gélatineux et présente des quantités de sporules noyées dans le mucilage. » Les observations du docteur Engelman s'arrêtent là : ce parasite n'aurait-il pas une certaine analogie avec l'oïdium Tuckerii ? le docteur Silliman parle d'une autre espèce qu'il nomme Erysiphe, très fréquente sur les variétés européennes, et quoique plus rare sur les espèces indigènes, elle ne laisse pas d'inquiéter les Américains; laissons parler le docteur Silliman, antérieurement en 1867, dans l'*Horticulturist*. « Une poudre blanche apparaît d'abord sur la surface supérieure de la feuille, puis comme le ferait une toile d'araignée, enveloppe fruit et feuille ; la végétation est complétement arrêtée quoique les feuilles ne semblent attaquées que superficiellement par cette forme de mildew. Cette forme, rare sur la vigne américaine, fréquente sur la vigne européenne, l'est aussi sur les groseillers à macquereaux. » Nous avons déjà vu dans une précédente étude que lors des importations faites en 1850 par Reemellin, les groseillers à macquereaux et les vignes périrent, tandis que tous les autres arbres et arbustes à fruits réussirent. Le mildew était-il à l'œuvre ou combinait-il déjà ses efforts avec le phylloxera? Nous trouvons ces détails dans *Le vine-dresser's manual de Reemelin of Ohio*, publié en 1856. Cet intéressant auteur ne consacre que quelques lignes aux maladies de la vigne, et cela pour les motifs suivants : « Je n'augmente pas ce livre d'un chapitre sur les maladies de la vigne, je ne pourrais que remplir une page ou deux de suppositions peut-être justes, mais sur lesquelles je n'aurais aucune expérience. J'ai préféré indiquer les méthodes que je considère comme pratiques et correctes, je crois que si on les suit exactement il n'y aura pas à appréhender de maladies sérieuses. Nous ne pourrons parler sciemment des maladies de la vigne en

Amérique qu'après 10 ou 15 ans d'expérience, lorsque nous aurons planté de vraiment bonnes vignes « *planted really good vineyards.* »

Mais revenons à cette forme de mildew qui ne semble pas être la même que celle qui nous occupe, parce qu'elle ne détruit pas la feuille ; elle n'est peut-être qu'un premier degré dans l'échelle du mal, dont un second attaquerait la feuille et un troisième le jeune bois. J'ai recherché tous ces détails pour me confirmer dans cette opinion : que l'*anthracnose* des jeunes tiges n'est pas le rot, mais une forme aggravée du mildew, devenu constitutionnel. Une première attaque, non combattue l'année précédente, ayant laissé des sporules sur le bois mûr, ces sporules trouvent dans la première végétation du printemps un champ de carnage particulièrement favorable à leurs exploits. La nourriture est alors succulente, la température variable, les forces innombrables : c'est là que s'interpose utilement le sulfate de fer à côté du soufre devenu impuissant, devant le nombre, les circonstances et la forme constitutionnelle qu'a assumée le mal. Cette invasion parasite a deux sortes de causes ; les causes prédisposantes, qui sont la mollesse maladive des feuilles, et les lésions occasionnées par les variations thermométriques et hygrométriques sur ces surfaces affaiblies ; les causes déterminantes, qui sont le développement de sporules sur cet épiderme mou et lésé. Si la première attaque n'est pas combattue à l'état aigu, elle se reproduira très aggravée l'année suivante à l'état constitutionnel. Des lésions accidentelles attireront et hébergeront des sporules, ces sporules étant nouvelles, et peu nombreuses, le soufre et la chaux en auront raison; mais si, préventivement la vitalité de la vigne avait été entretenue, ces sporules n'auraient pas trouvé le milieu favorable à leur développement. Voici comment M. Jones de Charlestown décrit l'état prédisposant, dans le *Monthly* V. 11, page 363. « Avant que le fungus ne soit visible, même au microscope, j'ai observé une altération partielle ou générale de la surface des feuilles ; ces dernières semblent vernies par une exsudation gommeuse des stomates. exsudation qui prend la forme d'une pellicule translucide à peine visible. Quelques jours après, on voit distinctement apparaître au-dessus ou au-dessous de cette pellicule, des filaments qui s'étendent en tous sens, formant un réseau, qui, grossi 300 fois, ressemble à une dentelle. De petits corps globuleux se forment en quelques heures sur toute l'étendue de ce réseau et brisent la pellicule pour la recouvrir d'une couche non interrompue de champignons. Un lavage à l'eau tiède dissout la substance gommeuse qui emporte avec elle racines et ramifications parasites. Il est évident que le mildew se nourrit de ces exsudations anormales des feuilles, car il ne semble pas pouvoir se fixer sur des surfaces saines tandis qu'il est attiré par le *parenchyme* désorganisé ; l'action combinée de cette exsudation accidentelle avec la présence et le développement du parasite bouche les stomates qui cessent alors de remplir leurs fonctions. C'est donc par *suffocation* (*sic*) que la plante s'affaiblit. Le soufre et la chaux peuvent détruire le parasite en modifiant la sève visqueuse dont il se nourrit ; peut-être qu'un lavage à l'eau tiède et même chaude atteindrait le même résultat sans nuire aux feuilles. » D'après d'autres auteurs l'exsudation de la matière visqueuse et la désorganisation accidentelle des feuilles ne deviennent fatales que si le mildew complique la situation en se nourrissant de cette sève viciée, puis aussi en suçant le reste de sève saine qui répand encore la vie dans la plante. En effet, la plante revient à la vie dès qu'elle est débarrassée du parasite. » (*Horticulturist*, volume XVIII, page 304). Le docteur Silliman appuie la théorie de l'effet prédisposant dû aux variations de température par les exemples suivants : « Un catawba de vingt ans en espalier, ne recevait le soleil que fort tard, étant exposé au nord-ouest ; malgré cela il mûrissait chaque année son fruit et ne montrait pas trace de mildew. Une partie de cet espalier fut conduite obliquement vers une treille bien exposée au soleil, mais non abritée par la corniche qui protégeait l'ancien espalier ; le résultat fut éloquent : à part quelques points de mildew, dus à la contagion, le vieil espalier resta prospère, tandis que la jeune treille semblait passée au feu et ne montrait ni feuilles ni grappes. L'abaissement de température, dû à la radiation nocturne, alternant avec un soleil ardent, avait évidemment produit sur les feuilles des lésions favorisant le développement des sporules. »

Le *Gardener's Monthly* V. 2, cite un autre exemple du même genre :

« Un espalier d'Isabelle, exposé au levant et exempt de mildew pendant dix ans, fut prolongé comme treille hors de l'abri fourni par une corniche ; le mildew apparut immédiatement, d'abord sur la partie exposée, puis même sur la partie abritée ; cet exemple montre encore comment la cause *prédisposante* prépare le terrain à la cause *déterminante accidentelle*, laquelle produit la *contagion* qui précède l'*état constitutionnel*. Cet état constitutionnel infeste et détruit la vigne entière, à moins que la rapide suppression des causes prédisposantes, et la destruction complète des sporules existantes n'intervienne à temps.

Enfin les vignes de l'île de Kelley, que l'étendue du lac

Erié protège contre tout brusque écart de température sont exemptes de mildew et de rot, malgré l'atmosphère humide et la délicatesse du catawba qui en forme la plus grande partie. Le manque d'air, le milieu putride, l'extrême jeunesse, comme la grande vieillesse, peuvent également devenir des causes prédisposantes, comme aussi toute faiblesse de végétation Une bonne culture fertilisante est donc un préventif à la condition de n'amener avec elle ni pourriture ni moisissure, car c'est ainsi que beaucoup de novices en vignes américaines appellent eux-mêmes le mildew accidentel, puis quand il est devenu constitutionnel et mortel, ils jettent le manche après la cognée, déclarant la vigne américaine aussi perdue que l'était la vigne française. Quand un auteur américain recommande la fumure avec du fumier de ferme, on trouve toujours, à côté du conseil, les mots : « *Well, rotted barnyard manure*, et le plus souvent à la suite : « *Well mixed with earth*, *ashes*, *bone-dust*. Ce qui veut dire que le fumier employé doit avoir complété sa fermentation et être arrivé ainsi à un état chimiquement stable, avant d'être mêlé à de la terre, à des cendres, à de la poudre d'os, etc., et cela longtemps avant d'être employé ; ceci est loin de notre fumier et même de notre terreau ; le plus souvent ce dernier est une forme atténuée du fumier en fermentation, forme sous laquelle il continue sa transformation par une nouvelle combinaison avec la terre. Nulle part je ne trouve trace, et pourtant j'ai bien cherché, qu'un viticulteur américain ait risqué de faire naître des sporules dans sa vigne en y introduisant des matières moisissantes ou putrescibles. Il cherche, au contraire, à conserver à l'air toute sa pureté, sachant que cette pureté est le rempart invisible qui arrête les hordes impalpables qui menacent son œuvre. La jeune vigne demande à être amendée plutôt qu'à être fumée, et j'ai lu dans un des auteurs que je cite, que, non-seulement une vraie fumure nuisait à la vigne, mais que jamais un jeune plantier ne se relevait de celle qu'il aurait reçue avant l'âge de six ans. Ceci est surtout vrai pour certains estivalis ; j'en ai fait l'expérience avec mon vigneron qui voulait me prouver les avantages d'une bonne fumure sur quelques rangs d'Herbemont, de Jacquez et de Hartford Prolific ; l'expérience a donné raison à l'auteur américain, quelques taches d'anthracnose ont paru sur les jacquez et les herbemont ont jauni, les hartford ont été aussi fertiles ; par contre, des hectares de taylor et de riparia ont répondu à ce coup de fouet par une production de bois remarquable. C'est à se demander si l'infertilité ne serait pas une sauvegarde contre le mildew, et si la fatigue causée par la fructification ne serait pas aussi une cause prédisposante ? Remarquons cependant que le mildew apparaît parfois dans les pépinières.

Ce fait s'explique aussi par la nature des racines, plus ou moins solides en présence d'un corps en fermentation ; en effet, on se demande pourquoi, en dehors de circonstances climatériques, telle ou telle variété succombe, là où telle autre prospère. Pas plus que d'autres je ne saurais le dire ; mais talonnés par une question économique, nous n'avons pas à nous arrêter à des questions scientifiques ; défendons les plantations déjà faites par la chaux, par le soufre, surtout par le sulfate de fer, pendant le repos de la sève ; puis, adressons-nous aux cépages les plus solides en Amérique, à conditions climatériques égales : traitons-les comme les traitent les Américains, et espérons. Pour fixer nos idées, respirons nn peu d'air américain, en lisant ce que *Mead* a publié en 1867 à New-York sur ce sujet palpitant.

« Le mildew, mal aussi destructif que répandu, difficile à traiter une fois établi. C'est un parasite de forme fungoïde qui attaque la feuille, le fruit, et le bois. Il apparaît d'abord sur la face inférieure de la feuille comme une poussière fine; le *mycelium* pénètre dans le tissu de la feuille qu'il détruit, et la décoloration de cette dernière avertit de sa présence. »

« Indiquons les causes qui produisent la maladie, les conditions dans lesquelles elle apparaît et les remèdes les plus efficaces pour la combattre. Que le lecteur se pénètre bien de ce que les sporules flottent continuellement dans l'air, attendant le moment propice à l'attaque; attaque à laquelle la vigne est très capable de résister, tant qu'elle possède sa vigueur et ses forces vitales. Tout ce qui affaiblit ou amoindrit ces forces vitales favorise l'attaque du parasite. C'est pourquoi les brusques changements atmosphériques du chaud au froid, les pluies froides suivant des jours secs et chauds, la grande sécheresse, les pluies prolongées et autres causes qui ralentissent l'action vitale de la plante plus ou moins brusquement, sont suivies par des attaques de mildew. Il apparaît d'abord sur la feuille, puis sur le bois et enfin sur le fruit (cet ordre d'attaque est parfois interverti); il pénètre dans le tissu même de la feuille et le détruit peu à peu, puis enfin dans les cellules du bois, lui donnant une apparence noirâtre (*An inky appearance*) une apparence (sic) *encreuse*, tenant de l'encre; arrivée à ce point, la maladie est devenue constitutionnelle, et n'admet d'autre guérison que la rapide amputation de la partie malade, en un point situé au-dessous du mal. Cette opération ne doit pas être remise, car nous avons vu le mal remonter le long des vaisseaux *(run through the cells)* avec une rapidité incroyable ; le mieux serait d'arracher de suite une souche ainsi constitutionnellement attaquée, car il est rare qu'elle guérisse complètement. Si le lecteur est frappé de ce que l'attaque de ce parasite est favorisée par un abaissement des forces vitales, il reconnaîtra la nécessité d'employer deux sortes de remèdes, d'une part, pour supprimer la cause, de l'autre, pour tuer l'insecte. L'action de ces deux remèdes doit être combinée, car si la cause subsiste, elle favorisera la multiplication de l'ennemi que nous cherchons à détruire. Il est plus facile de combattre le mal en serre que dehors. Cependant nous sommes loin d'être désarmés, même en plein-air ; les conditions atmosphériques peuvent nous être contraires, mais il y a des efforts à faire, un binage si le terrain est sec, un examen des drains s'il est humide, enfin chercher s'il n'y a pas quelque chose à faire pour rendre à la plante son activité normale, appliquant ainsi les principes énoncés ci-dessus et en s'attaquant à la cause passive du mal, et en même temps à la cause active. Beaucoup de remèdes ont été suggérés à cet effet, et après de longs essais, un seul a donné des résultats suffisants pour le recommander à l'usage général : ce remède c'est le soufre ; il doit être appliqué surtout à la partie inférieure des feuilles, et être employé en poudre impalpable et très sèche. Une certaine force de projection est nécessaire pour le faire pénétrer au travers du duvet qui couvre généralement la partie inférieure de la feuille. »

« Le soufre appliqué ainsi et soumis à la chaleur du soleil doit se combiner avec une quantité d'oxigène suffisante pour former l'acide sulfureux, dont les vapeurs détruiront le mildew. Nous avons trouvé avantageux d'ajouter au soufre une partie de chaux finement pulvérisée pour augmenter l'action de ce dernier ; c'est un sulfate de chaux qui se forme dans ce cas. Plusieurs engins ont été inventés pour cette application ; un des plus simples, est le soufflet de M. de la Vergne. C'est comme remède préventif que le soufre trouve sa meilleure application ; car une fois la maladie bien établie, elle est très difficile à détruire ; il est donc indiqué d'appliquer le soufre sur toutes les parties de la vigne, au début de la végétation, et même certains jardiniers de serre l'appliquent sitôt après la taille d'automne. — L'opération doit être répétée aussi souvent que nous avons lieu d'appréhender un changement de température tel que ceux qui favorisent habituellement l'attaque du mildew, et cela même avant que ce dernier ait fait une apparition visible. Si en addition à ce traitement nous conservons fidèlement toutes les conditions nécessaires à la santé et au bien être de la vigne, le mildew perdra la plus grande partie de ses terreurs et deviendra un fléau comparativement gouvernable ; entre autres précautions à prendre sans relâche, il faut veiller à ce que l'eau ne séjourne ni *sur* ni *dans* la terre, et il faut préserver soigneusement la souche de toute cause d'épuisement, telle que le manque d'air sous les feuilles, etc., bref, observer tous les principes généraux expliqués d'autre part. »

Voici maintenant la description du rot dont le traitement ne diffère en rien de celui du mildew. Je ferai observer que la description du mildew attaquant le bois, et arrivé à son dernier degré de gravité rappelle bien plus les symptômes de ce que nous appelons *l'anthracnose* que ne le fera la description suivante du rot, qui, de même que l'oïdium, s'attaque plutôt aux fruits.

« Il y a trois sortes de rot : le rot brun, le rot amer, le rot noir; leurs noms sont parfois intervertis selon les localités. Le brown rot, assez rare, se traduit par une tache brune sur un côté du grain, pareille à celles qui apparaissent sur les pommes et les poires et défigurant le grain sans nuire à sa qualité. Le rot amer, au contraire, le rend inmangeable par son âcreté et son amertume. Enfin le rot noir, le plus fréquent et le plus destructif des trois, apparaît d'abord sur le grain comme un point diffus qui peu à peu gagne la totalité du grain et même de la grappe. Au moment précis où les grains tournent et changent de couleur, il discontinue ses ravages et disparaît. Son apparence rappelle celle du rot des pommes de terres, et il est aussi destructif. Quoique la nature de ce mal ne soit pas encore bien comprise, on peut supposer qu'elle tient de la nature du champignon. Ce qui est hors de doute, c'est que les causes prédisposantes du rot sont à peu de choses près les mêmes que celles du mildew sur les feuilles. Quelques variétés, entre autres le *Catawba*, sont particulièrement accessibles au rot, et des récoltes entières sont parfois perdues par son fait. Aucun traitement n'est meilleur que celui prescrit pour le mildew, en y ajoutant, comme remède préventif, le saupoudrage de la grappe avec de la chaux finement pulvérisée. Les grains malades doivent être coupés et détruits loin de la vigne, vu la nature du mal; leur présence sur la grappe ou par terre ne peut qu'augmenter l'intensité du mal. » Je laisse le lecteur à ses réflexions sur la possibilité d'enlever les grains malades sur des centaines d'hectares !

SUN-SCALD. (*Coup de soleil*).

« Il apparaît sous forme de tache sur les feuilles dont il détruit les tissus. Ces taches sont d'un rouge brique et c'est ce qui a donné naissance à une histoire de briquetterie plus légendaire qu'autre chose. Jusqu'ici la cause est inconnue. On attribue le *Sun-Scald* à l'action des rayons solaires traversant des globules de rosée sur les feuilles ; les rayons concentrés par ces lentilles naturelles brûlent les feuilles ; ce mal est sans remède connu. »

Ici s'arrête ce qui touche le mildew dans l'excellent ouvrage de *Mead*. Je cueille çà et là dans d'autres ouvrages quelques avis utiles : ainsi les américains des états atlantiques insistent sur les dangers que le mildew fait courir à la vigne, là où on ne maintient pas le sol chaud, sec et découvert, et où on emploie des paillis, fumiers, bref, tout ce qui peut entretenir une chaleur humide et malsaine, pour ainsi dire stagnante ; ces recommandations s'appliquent, je le répète, aux états atlantiques. Le contraire pourrait être le vrai au Texas ou sur le littoral Pacifique. Il y a lieu de s'inquiéter davantage qu'on ne l'a fait jusqu'ici de l'appropriation des variétés aux climats ; ainsi, selon qu'un plant est décrit à Boston, New-York, ou Saint-Louis, il est donné comme sujet au mildew ou indemne ; exemple, dans l'ouvrage de Strong, publié à Boston, l'Herbemont est porté dans une liste spéciale intitulée : Variétés de valeur secondaire ou spéciales à certaines localités, et décrit ainsi qu'il suit : « L'Herbemont, variété méridionale du vitis estivalis, sujette au mildew, et beaucoup trop tardive dans le nord ; plus au sud, c'est une vigne très vigoureuse, très fertile et excellente ; grappes longues, pesant souvent deux livres, compactes, etc., etc. » Je cite celui-là, entre bien d'autres, pour dire combien il est important de choisir son espèce parmi des variétés éprouvées dans le pays, au lieu de se créer des difficultés, là où il y en a déjà tant, par la recherche de l'inconnu.

Un mot sur le mode d'emploi du soufre, pulvérisé ou sublimé, son action sera plus grande si on le mêle à de la chaux ; il est préférable de l'appliquer par un temps sec et ensoleillé. S'il survient un temps humide ou de la pluie, l'opération est à recommencer. En cas urgent, le soufre agira plus activement s'il est appliqué comme lotion : à cet effet on mêle un *peck* (près d'un litre) de chaux vive avec 5 litres de soufre, on les délaye rapidement avec de l'eau bouillante afin de maintenir longtemps la température de la chaux, qui, très élevée, dissoudra la plus grande quantité de soufre possible. Ce mélange sera délayé de nouveau avec de l'eau dans la proportion de 12 gallons par livre de soufre employé. On peut relaver plusieurs fois ce mortier sulfureux et en tirer une liqueur encore active. Le liquide peut être employé avec une pompe à main ou un arrosoir. Il est surtout excellent quand, par un temps couvert, le mildew semble vouloir dominer la situation. Ce remède applicable en pépinière ou à quelques souches précieuses, ne l'est pas en grande culture ; et je ne parle de ce mode de préparation que pour *faire entrevoir l'action dissolvante de la chaleur de la chaux sur le soufre*.

En grande culture, il n'y a de moyen préventif, lorsque le mildew a existé pendant la saison précédente, que le *sulfate de fer* appliqué pendant le repos de l'hiver. Comme moyen actuel et préventif à la fois, il n'y a, en présence d'attaques récentes ou menaçantes que le soufre pulvérisé, mêlé de chaux ; le sel a été essayé avec succès à l'état de dissolution ou de saumure. Son avidité pour l'eau dessèche le champignon et le fait périr, mais nous ignorons quelle serait son action sur les feuilles ?

Avant de parler de remèdes il faut choisir les variétés qui conviennent à chaque climat, puis avoir recours au sulfate de fer pour sauver les plantations délicates déjà faites et garantir les nouvelles vignes de la contagion.

Catalogue raisonné des variétés de vignes américaines expérimentées en France en grande culture, et donnant les garanties les plus sérieuses de résistance au phylloxéra.

PLANTS A PRODUITS DIRECTS

ESTIVALIS, GROUPE DU SUD

Caractères généraux, résistance absolue, reprise difficile, goût franc, grappes moyennes, grains petits, noirs, belle végétation rappelant celle de la vigne française.

Le jacquez marche en tête de ce groupe, port magnifique, grappe longue, ailée, très fertile taillé à long bois, vin coloré, alcoolique, franc de goût, reprend difficilement de bouture et de greffe, demande un bon terrain. Sujet à l'anthracnose en terrain humide et malsain ; se plait dans les terres chaudes siliço-argileuses, feuilles grandes, d'un vert foncé, profondément lobées, bourgeonnement rose vif.

L'herbemont est probablement l'ancêtre du jacquez, les feuilles ont la même forme, mais n'en ont ni la grandeur, ni l'apparence soyeuse ; son bourgeonnement est blanc ; les grappes plus nombreuses que grosses, sont longues, ailées ; le vin, franc de goût, léger, assez alcoolique. Ce cépage n'est pas aussi bien vu en France que le jacquez; il flatte moins l'œil français, et n'a surtout pas été suffisamment expérimenté. Il semble mieux réussir dans le Gard que dans l'Hérault. Cela peut dépendre des soins malentendus, dont il s'accommode plus difficilement que le jacquez. Ce cépage n'est très fertile qu'à la taille longue, et n'est très vigoureux que là où il se plaît. Je ne puis croire qu'un cépage aussi apprécié dans sa zone en Amérique ne trouve un jour sa place en Europe. Il semble moins sujet au mildew que le jacquez, mais jaunit parfois à sa première sève ; à la sève d'août il reprend toujours sa belle végétation et mûrit bien son fruit. Sa reprise de bouture est plus difficile que celle du jacquez, mais ses greffes reprennent plus facilement sur souches françaises que celles de ce dernier. Une fois qu'on aura triomphé de la difficulté de reprise de l'herbemont, ce sera un excellent porte-greffe qui, étant fertile, dispenserait de revenir sur les greffes manquées.

ESTIVALIS, GROUPE DU NORD.

Le Norton's Virginia aime les terres fraîches et profondes, se montre résistant, mais pas brillant dans le midi, où il fructifie tard: à peine s'il montre quelques grappes à sa cinquième année ; mais vu le groupe auquel il appartient, son état de souffrance pendant l'été n'a rien d'étonnant. Il est probable qu'il prospèrerait au centre de la France, car il est plus beau à sa sève d'août qu'en été. En Amérique il produit en abondance un vin coloré et très estimé, alcoolique et franc de goût, et de grande qualité, à en croire les témoignages d'outre-mer. Son bourgeonnement couleur de rouille donne une apparence souffreteuse à ce cépage de même qu'au suivant.

Le Cynthiana ressemble en tout au Norton's Virginia, au point de ne les distinguer l'un de l'autre qu'à l'époque de maturité, plus hâtive chez le Cynthiana; et à une plus grande finesse dans le vin de ce dernier. Je le répète, ces deux cépages conviennent mieux au centre et à l'ouest qu'au midi de la France.

ESTIVALIS, GROUPE INTERMÉDIAIRE.

Le rulander est un magnifique cépage. Ce nom n'est peut-être pas le sien ; il est proche parent du louisiana et les variétés d'opinion qui existent à son endroit disent clairement qu'il y a, ou similitude d'apparence entre deux variétés de résistance inégale, ou erreur de nom. Ce dont je suis sûre, c'est que sous le nom de rulandes, j'ai des souches superbes à Saint-Bénézet, âgées de cinq ans qui ne semblent pas devoir souffrir, et qui sont remarquables par leur port et leur force. Comme le Norton's Virginia il se plaît dans de bonnes terres profondes mais reste vigoureux sur les coteaux, quoiqu'il s'y développe moins qu'en plaine.

Il est possible (puisqu'on le dit souffrant à Marsillargues) que le sol de l'Hérault lui convienne moins que celui du Gard ; et il pourrait bien en être de même de l'herbemont; ce cépage ne semble sujet à aucune maladie à Saint-Bénézet : son feuillage se brûle parfois un peu à la fin de l'été, mais redevient plus beau que jamais à la sève d'août, à partir de laquelle il pousse comme au printemps et continue à développer ses bourgeons, rose vif, jusqu'aux gelées.

Bref, c'est un cépage à étudier comme résistance, mais qui pourrait bien se placer un jour à côté du jacquez et de l'herbemont.

Son apparence est assez française avec ses gros sarments courts noués ; la feuille arrondie se tient roide sur son pétiole ; les grappes sont nombreuses, petites, cylindriques, à grains serrés, plutôt roux que rouges ; vin peu coloré, doré, très parfumé.

Que dire de l'Othello... etc., sinon qu'il promet beaucoup mais qu'il est rare et peu éprouvé ; sa place n'est pas dans ce catalogue, dont la prétention est de simplifier au lieu d'embrouiller, en ne décrivant que ce qui est accessible à la grande culture, mettant à la portée de tous un petit nombre de variétés éprouvées, recommandant des procédés qui ont fait leurs preuves, et menant le cultivateur droit au but, droit à la récolte d'autrefois.

PORTE-GREFFES

En Amérique le clinton est considéré comme un bon porte-greffe. En France il a résussi dans certaines localités, mais peu dans le Gard. Quoiqu'il doive mieux convenir dans le nord il sera toujours inférieur en France aux taylors, riparias, viallas et au york-madeira.

Le taylor est un magnifique cépage, qui réussit admirablement dans les bons terrains du Gard ; greffé en œillade ou en chasselas il donne des résultats magnifiques. D'après le docteur Davin il vit mal dans le Var, mais d'après le comte de Rovasenda il résiste depuis de longues années en Lombardie ; c'est une variété de riparias sauvages ; peut-être un hybride avec le labrusca ou autre variété. Ce qui est positif c'est que c'est un excellent porte-greffe partout où le terrain lui convient.

Le vialla est d'une adaptation plus générale, et est moins difficile pour le terrain ; on le dit supérieur au riparia dans le Beaujolais. Le riparia réussit admirablement dans le Gard, l'Hérault, les Bouches-du-Rhône, etc. Sa vigueur ne laisse rien à désirer, et il se plaît partout. Le docteur Davin dit, dans son excellent ouvrage, que là où le riparia ne vient pas, aucun autre cépage ne viendra. Mais ce cépage sauvage se présente sous beaucoup de formes, et quelques-unes d'entre elles sont très-inférieures comme vigueur et comme résistance, c'est ce qui lui constitue une infériorité apparente comparé au vialla ; ce n'est qu'avec des variétés de riparias triées et uniformes que l'on peut obtenir un ensemble aussi parfait que celui qui caractérise toutes les plantations de vialla.

Les riparias se divisent en deux types principaux, puis se subdivisent en une quantité de sous-variétés. Les types principaux sont les glabres et les pubescents. Les premiers s'accommodent mieux des sols arides : les pubescents au contraire tiennent à un sol plus profond et plus frais.

Les cépages français greffés sur riparia, sont précoces et fertiles, plus encore que sur leurs propres racines. On peut voir à Pignan, dans l'Hérault, des boutures plantées en 1879, greffées en 1880, donner cette année de dix à vingt-cinq grappes par souches.

LE VIALLA

est un hybride qui réussit *partout* et donne d'excellents résultats comme porte-greffe ; la soudure est irréprochable, et on se demande, lequel vaut mieux du vialla, ou d'une bonne variété du riparia. Il paraît que dans le centre de la France, l'avantage serait assez marqué pour le vialla. Dans les bons terrains du midi, il y a égalité entre le vialla, le taylor, et le riparia, et dans les terrains arides, égalité entre le vialla et le riparia.

SOLONIS

Encore un excellent porte-greffe, plus rare, plus cher, aussi bon, mais pas meilleur que le riparia. Son avantage réside dans sa forme unique qui le rend toujours égal à lui-même, tandis que le nom de riparia représente des variétés si différentes qu'il en ressort des appréciations aussi différentes sur des plants portant le même nom, mais en réalité très différents. Le solonis, rare en ce moment, ne le sera pas longtemps, vu sa facilité à s'enraciner.

YORK'S MADEIRA.

Produit direct très foxé, hybride de labrusca, est un porte-greffe excellent, malgré son hybridation. Outre la résistance en tous terrains, son mérite principal est sa petite végétation qui le rend propre à porter la greffe d'espèces françaises trop petites pour s'accommoder des porte-greffes à grande végétation : pinots de Bourgogne et autres cépages fins.

Le rupestris, très vigoureux dans sa petite taille, est un cépage nain, qui prendra probablement sa place.

Le black pearl semble avoir les qualités du taylor dont il est un dérivé, mais à quoi bon une telle variété de porte-greffes! le taylor en bons terrains, le riparia de bonne variété dans les terrains de second, même de troisième ordre; le vialla partout, le york-madeira dans les pays où l'on met 10,000, 15,000 souches à l'hectare, avec tous ces porte-greffes, les vignobles français renaîtront en tous sols et en tous climats.

LABRUSCA.

Je ne voudrais pas trop parler de cette famille dont certains échecs ont nui à la confiance dans les cépages américains en général, tandis que quelques rares succès empêchent de le condamner, peut-être trouvera-t-il sa place! ..

TABLE DES MATIÈRES

FIN.

Nimes. — Typographie Dubois, rue Bernard-Aton, 2.

DU MÊME AUTEUR

En Vente :

LE CONGRÈS DE BORDEAUX

Sous Presse :

ENQUÊTE EN AMÉRIQUE

www.ingramcontent.com/pod-product-compliance
Ingram Content Group UK Ltd.
Pitfield, Milton Keynes, MK11 3LW, UK
UKHW022106190726
13855UKWH00002B/675

9 782013 283953